危機を乗り越える力

ホンダF1を
世界一に導いた技術者の
どん底からの挑戦

元ホンダ技術者
浅木泰昭

集英社インターナショナル

危機を
乗り越える力

ホンダF1を
世界一に導いた技術者の
どん底からの挑戦

はじめに

人間の集団である企業が長く存続していると、危機は必ず訪れます。

私は1981年（昭和56年）にホンダ（本田技術研究所）に入社しました。創業者の本田宗一郎さんは取締役として社内に残っていましたが、すでに経営の第一線を退いていました。本田宗一郎さんが社長として現役だった1970年代前半までは、ホンダは今でいうベンチャー企業のようなものだったので、何度も危機が訪れ、それを乗り越えてきたのだと思います。

私が入社した頃のホンダは、社内にベンチャーの空気は残っていたものの、すでに大企業に成長していました。それでも私がホンダで働いていた2023年の春までの間に何度か大きな危機に遭遇しています。

最初の危機は、１９９４年に発売された初代オデッセイの開発に私が携わっていたときです。当時のホンダは、国内で巻き起こっていたＲＶ（レクリエーショナル・ビークル）のブームに乗れず、売れる車がありませんでした。しかもバブルが崩壊し、国内の自動車市場が冷え込み、三菱自動車に合併される可能性を報じるメディアもありました。

また、私が開発責任者として軽自動車の初代Ｎ－ＢＯＸを始めとするＮシリーズの開発を立ち上げたときも、ホンダは危機の真っ只中にありました。２００８年９月、アメリカの大手証券会社リーマン・ブラザーズが倒産したのをきっかけに世界中に金融危機が広がり、円高が急速に進みました。ホンダは稼ぎ頭である北米市場への輸出ができなくなり、日本国内の工場の稼働率はどんどん下がっていきました。

そんなとき、私は国内で生産できる新たな軽自動車の開発を託されました。当時、ホンダの軽自動車はまったく売れておらず、シェアは４番手まで落ち込んでいました。新しい軽自動車が売れなければ、国内の工場や販売店で働く従業員をリストラしなければならないところまで追い込まれていたのです。

そして自動車レースの世界最高峰、Ｆ１世界選手権のパワーユニット開発の責任者を務めることになった２０１７年シーズン、ホンダはバッシングの嵐の中にいました。ホンダは２０１５年からパワーユニットサプライヤーとしてＦ１に復帰し、イギリスの名門マクラーレンと組んで第４期のＦ１活動をスタートさせていました。ところが、ホンダが開発したパワーユニットにトラブルが続出し、マクラーレン・ホンダは完走さえままならない状態でした。

開発チームはパートナーを組むマクラーレンから非難され、世界中のメディアやファンから叩かれ、ホンダの本社筋からも「膨大な予算を使っているのにブランド価値を落としているじゃないか。Ｆ１なんかやめてしまえ」と責められていました。ホンダのＦ１プロジェクトは窮地に陥っていたのです。


このように私は少なくとも３度の大きな危機に直面しています。それでも初代オデッセイは発売されると爆発的な人気となり、ホンダは経営危機から脱出。反転攻勢のきっかけになりました。

リーマンショックによる円高に加え、開発の真っ最中の2011年には東日本大震災に見舞われた初代N－BOXも、発売直後から幅広い層の支持を受けました。結果、車両の生産を行う鈴鹿《すずか》製作所（三重県鈴鹿市）はフル稼働となり、雇用を守ることができました。2023年10月に3代目が発売されたN－BOXは、現在でも高い人気を誇り、新車販売ランキングの軽自動車部門において9年連続で1位、登録車を含む新車販売台数でも2年連続で1位を獲得し、日本で一番売れている車になっています（2023年末時点）。

そしてどん底にあえいでいたF1は私が開発に携わってから3年目となる2019年シーズン、新たにレッドブルとパートナーを組んで初優勝を飾ります。この年には3勝を挙げますが、翌年には新型コロナウイルス感染症が世界中で猛威をふるい、GP開催の中止や延期が相次ぎました。そんな中でも、レッドブル・ホンダは着実に速さを見せていたのですが、2020年10月にホンダは2021年シーズン限りでのF1撤退を発表します。

撤退が発表されたとき、F1プロジェクトの開発者に残されたのは1シーズンしかありませんでしたが、なんとしてもF1の頂点に立つために私は新設計のパワーユニットを1年前倒しで投入することを決断。わずか5ヵ月で新しいパワーユニットの開発を成功させ、ホンダF1として最後のシーズンにレッドブル・ホンダのマックス・フェルスタッペン選手がドライバーズチャンピオンを獲得しました。

私は結果として会社員時代に直面した大きな危機を乗り越えることができましたが、「それぞれのプロジェクトに取り組む前から成功する自信があったのか？」と問われると、その答えははっきりしません。

私は入社2年目に第2期（1983年から92年）のF1プロジェクトに配属されました。ホンダはウイリアムズやマクラーレンと共に何度もタイトルを獲得し、第2期F1活動は大きな成功を収めます。そこで培《つちか》った自信が私の中で大きな原動力になっていたのは確かでした。

「ゼロからスタートして、フェラーリ、ポルシェ、BMWという自動車メーカーを倒し、世界最高峰のF1で頂点に立った」

自動車やF1のパワーユニットの開発は、メーカーや技術者の国籍は違えども、同じ人間がやっていることです。だから「俺だってなんとかなるだろう」という漠然とした思いはありましたが、「俺ならなんとかしてみせる」と確固たる自信があったわけではありません。

正直にいえば、自分でもなぜ危機を乗り越えて、成功することができたのかわからないのです。

「自分としては普通に仕事をしているつもりだったけれど、技術者として〝普通じゃない〟ことを成し遂げることができたのはなぜか？」と、自分自身でも感じていました。この疑問を、一緒に働いていた同僚にぶつけてみたこともあったのですが、私が納得するような返事がきたことはありません。

今回、私は初めて自分の本を書くというチャンスをいただけたので、自分の技術者人生を振り返りながら、「なぜ危機を乗り越えて成功をつかめたのか？」という問いへの答えを見つけ出したいと思っています。

目次 contents

第1章

ホンダ入社と第2期F1

世界トップの現場で得た教訓と自信

ホンダは技術者が主役になれそうな会社だった

私は広島の奥座敷といわれる湯来《ゆき》温泉のある湯来町（現在の広島県広島市佐伯《さえき》区、2005年に広島市と合併）に生まれました。幼少の頃は山の中を駆け回って過ごしていた記憶がありますが、小学3年生のときに広島市のベッドタウンとして発展していた五日市《いつかいち》町《ちょう》（現在の広島市佐伯区、1985年に広島市と合併）に引っ越します。

そこで生活がガラッと変わり、機械に興味を持ち、小学校のときにはよくプラモデルをつくっていました。私は色を塗ってきれいに仕上げるというよりも、電池によってメカが動くものが好きで、自動車や船、潜水艦など、いろいろなものをつくりました。

両親は共に教員だったのですが、私は勉強が嫌いでした。特に暗記系の科目は苦手で、社会などの文系科目に比べて理科や数学のほうが成績はよかったので、自然と理系の道に進んでいきます。中学校の頃には漠然とですが、将来はモノをつくる仕事をしたいと思っていました。

大学は地元・広島の工業大学に進学し、機械工学科で学びます。就職の際は、製造業を目指していて、特に自動車業界に興味があり、エンジンづくりに携わることができたらいいなと思っていました。やっぱりエンジンは機械技術の最高峰、集大成というイメージがあります。私は技術者になってエンジンをつくってみたかったのです。

広島県にはマツダ・ブランドで自動車を製造・販売していた東洋工業（1984年にマツダに社名変更）が本社を置いていました。当然、東洋工業は就職希望先のひとつでしたが、私の出身大学からは優秀な学生が2、3人ぐらいしか採用されません。私は成績があまりよくなかったので東洋工業に入るのは難しかった。自動車メーカーの中ではホンダが第一希望でした。

入社面接のときは「ホンダが大好きです」と言いましたが、熱狂的なホンダファンというわけではありませんでした。ホンダに入社を希望したのは、技術者が主役になれそうな会社に見えたからです。N360やバモスホンダ、ライフステップバンなど、ほかのメーカーにはない変わったクルマを出していましたし、面白そうな会社だなと感じていたんです。

たまたま私の叔父がホンダのディーラーを経営していたこともあり、ホンダの採用担当者がわざわざ叔父の会社まで訪ねてきて、面接をしてくれることになりました。当時のホンダは会社が急成長している段階で、とにかく技術者が足りていなくて、毎年、大量の学生を採用しなければならなかったようです。採用官の面接を受けて、「まあ、ホンダのどこかに押し込むから」という話になり、あっさりと内定をもらいました。

嘘のように思われるかもしれませんが、当時の採用担当者には「わけのわからないヤツ、変なヤツを採用しろ」という号令がかかっていたそうです。そんなどさくさに紛れて私は、1981年にホンダの研究開発部門、本田技術研究所に配属されることになりました。

ホンダは「いかがわしい会社」

私が入社した頃のホンダは大企業というより、自動車メーカーの中ではベンチャー企業からようやく大手の仲間入りをしたばかりの新参者というイメージです。有名どころの大学の教授は「ホンダはしょせんバイク屋さんだろう」と、いかがわしい目で見ており、優秀な学生にはホンダへの就職を積極的には勧めていなかったようです。

実際、私の同期の中には「ホンダなんかやめておけ」と研究室の教授に言われていた人間が結構いました。自動車メーカーへの就職を希望する工学系の優秀な学生は、まずはトヨタや日産に入り、そこからこぼれた2番手、3番手の人間がホンダへ就職するという時代でした。

日本でＩＴ企業が急成長した１９９０年代、ソフトバンクや楽天などのベンチャー企業を「いかがわしい会社」と見ていた人は少なくないと思います。世の中に企業として認知されるまで何年も時間がかかりました。それと同じような感覚だったと思います。

当時のホンダは採用の際、学歴を見るのはまったくのゼロというわけではありませんが、それほど重視していませんでした。会社が急成長し、とにかく技術者をたくさん採用しなければならなかった時代です。社員はまさに玉石混淆《ぎょくせきこんこう》の状態でした。

特に私が入社した頃は、先ほども申し上げたように「わけのわからないヤツ、変なヤツを採用しろ」と言われていたので、私の同期や先輩たちには変わり者が多かった。

普通は、自分が常識のある人間のようにふる舞うものですが、私が若い頃のホンダの先輩たちは飲み会で一緒になると、「常識がある人間は全然自慢にならない」と言い、自分はどれくらい型破りで、変な人間なのかを誇らしげに語るような方々ばかりでした。

そんな変わり者が集まっているのがホンダでした。私が入社したときはまだベンチャー企業のような自由な雰囲気と無謀さが残っている時代です。急成長してイケイケどんどんで、たいした技術力もないのにみんなが何か新しいものをつくり出して世界を変えてやると本気で思っていました。

若い頃、そういう変な先輩たちと過ごした日々が、私の技術者としてのベースになっています。

入社2年目でF1の開発現場に配属

ホンダに入社すると、最初は三重県鈴鹿市にある鈴鹿製作所での工場実習、地元の広島での販売店実習、埼玉県和光《わこう》市にある和光研究所での研究所実習をそれぞれ3ヵ月行いました。その後、和光研究所のエンジンテスト部門に正式に配属されます。

テストグループの一員として量産エンジンの仕事に従事し、2、3ヵ月ぐらい経ったときにF1エンジニアの社内公募があり、私は手を挙げました。

ホンダは1980年からヨーロッパで、F1の下位カテゴリーのF2選手権に参戦していましたが、次はF1をやると表明していました。でもホンダが第1期と呼ばれる最初の活動をしていたのは1964年から68年までです。すでに活動を終了して10年以上の歳月が流れていたので、社内の大半はF1のことをよくわかっていないようでした。

それに会社がどれくらい本気でF1に取り組もうとしているのかも見えなかったので、社内でのF1の注目度は低かった。おそらく、公募に申し込んだ人はそれほど多くはなかったので、入社間もない私も採用されたのだと思います。

こうして入社から1年後の1982年、私はF1エンジンのテスト部門に配属されました。テスト部門といってもメンバーは上司と私のふたりだけ。あとは設計部門もありましたが、そのほとんどがF2とかけ持ちをしている状態でした。

最初のF1エンジンはすごくいい加減なものでした。簡単にいえば、F1のレギュレーションに合わせるために、F2用のV型6気筒の2リッターエンジンをF1用のV型6気筒の1.5リッターターボエンジンに改造したもので、シリンダー内側の直径（ボア）はそのままでピストンが往復運動をする距離（ストローク）だけを短くし、それにターボチャージャーをくっつけただけの代物《しろもの》でした。

そうなると当然、エンジン内で異常燃焼が原因で異音や振動を発生するノッキングが起こり、ピストンが溶けるなどのトラブルが続出します。私の仕事はエンジンをテストして、トラブルの原因を探ることでした。当時の私は入社して1年余りの素人でしたが、何度もテストを繰り返してみると、ホンダのエンジンがF1の排気量に見合った設計ではないことは明らかにわかりました。

今にして思えば、そんなことは当時のF1開発チームのリーダーたちもわかっていたと思います。でもF1専用のエンジンをいちからつくろうとすれば、エンジンの骨格から設計をし直さなければなりません。当然、お金と時間がかかるので、とにかく1.5リッターのV6ターボエンジンをつくって既成事実として見せてしまえばF1活動をスタートさせられる――。

そういう発想だったのだと思いますが、入社2年目の私はそんな事情まで頭が回るはずもありません。こんなエンジンじゃ、とてもF1で勝てないと設計部門の上司に文句を言いに行きました。

「こんなボアのサイズじゃ、いくらなんでもいびつすぎます。壊れるのは当たり前です。ボアのサイズを小さくしてください」

普通、入社して間もない20代前半の若者が上司に対して面と向かってそんな強い口調で文句は言いません。上司からしたら面倒くさいヤツだったでしょう。私の言っていることは技術的には間違っていませんでしたが、まるで上司を上司とも思わないような態度でした。ただの生意気で変なヤツだったんです。

その上司も、最初は「この若造が何を言っているんだ」と思っていたかもしれませんが、当時23～24歳の生意気な部下を毎晩、飲みに連れて行ってくれました。研究所のある和光の周辺はあまり飲み屋がなかったので、よく成増《なります》（東京都板橋区）の焼き鳥屋に行って、生意気を言いやがってと頭を小突かれ、説教されました。

それでも「こんなボアだから壊れるんです」「勝たないとダメなんです」と先輩とエンジニア談義を重ねる。そういうことが週6回ということもありました。

本田宗一郎さんとの思い出

私はF1プロジェクトの社内公募に手を挙げましたが、実はモータースポーツにはそれほど詳しくありませんでした。私は第2期の活動で、ケケ・ロズベルグ選手、ナイジェル・マンセル選手、ネルソン・ピケ選手といったチャンピオンドライバーたちがドライブするエンジンの開発に携わりました。

当時、のちに1987年にイギリスのロータスからデビューを果たし、日本人初のレギュラーF1ドライバーとなる中嶋悟《なかじまさとる》選手がホンダのテストドライバーを務めていたので、そのエンジン開発もしていました。当時からモータースポーツの世界で一流と呼ばれるドライバーたちと一緒に仕事ができましたが、そのこと自体に感激したり、彼らに臆《おく》したりということはありませんでした。

私はレースではなく、技術が好きなんです。その意味では、技術開発競争の最高峰といえるF1に関わることができて本当に楽しかったですし、充実した日々を過ごせました。私の青春時代です。

エンジン開発の忘れられない思い出といえば、エンジンの熱で自分の身体が焼ける匂いです。上司からは「今日はこれだけの内容のテストをしろ」といった指示が出されるのですが、ほかにも自分でやりたいテストがあるので、とにかく上司に言われたことを早く終わらせて自分の時間をつくっていました。

時間短縮のためには素早く作業を行わなければなりませんが、ターボエンジンは相当な熱を持ち、排気系の部品は1000度近い高温にさらされます。テストベンチ（研究所内でエンジンに使用する部品などの性能をチェックする設備）にエンジンを載せたり降ろしたりする作業は慎重さが求められるので、作業を早めて時間をつくることは簡単ではありません。

特にターボチャージャーはテストが終わった後もしばらくは熱を持っていて、熱で膨張した金属が冷えるときにはチンチンチンという音がします。慌てて作業をしているときに誤って高温のターボに手首や手の甲が当たってしまうことが何度かありました。やけどをすると水ぶくれになることがありますが、数百度ぐらいの高温になると水ぶくれもできません。焼き印のようになります。ジュッと音がして、ステーキの肉が焼けるような、いい匂いがします。この匂いは今でも忘れられません。

ホンダの創業者、本田宗一郎さんと間近で接することができたのも第2期F1時代のいい思い出です。宗一郎さんは1983年に会社の取締役を退任しています。宗一郎さんと実際に接したことがあるのは、われわれの世代が最後かもしれません。

あるとき突然、私と上司が作業しているテストベンチのところにふらっとおじさんが現れました。「誰だろう?」と最初は思ったのですが、周囲には会社のお偉いさんがぞろぞろと何人もいたので、「この人が本田宗一郎さんだ」とピンときました。

当時の私は、もちろん本田宗一郎さんのことは知っていましたが、実際に対面したことや話したことはなかったので、この人が宗一郎さんなのかどうかがよくわからなかったのです。宗一郎さんは、突然、私たちのもとに現れて、私の上司に「F1をやっているんだってな。俺が金をもらいたいぐらいだよ」と言って、手を差し出しました。もちろん宗一郎さんの冗談だと思いますが、私の上司は会社の創業者から差し出された手に戸惑い、困惑した表情を浮かべていたのを覚えています。

宗一郎さんは自分でもF1をやりたかったはずで、「F1は楽しいだろう。お前たちは俺にお金を払ってもいいぐらい、すごく貴重な体験をしているんだぞ」と言いたかったんだと私は解釈しました。そのとき宗一郎さんがテスト部門にいたのは10分ぐらいだったと記憶していますが、私が彼の肉声を間近で聞いたのは、それが最初で最後でした。

初の海外出張でカルチャーショック

ホンダは1983年の第9戦イギリスGPでF1復帰を果たし、第2期活動が本格的にスタートします。当初はヨーロッパのF2で共に戦っていた新興チームのスピリット・レーシングにエンジンを供給しますが、この年の最終戦にはイギリスの名門チーム、ウイリアムズとのパートナーシップを組み、4シーズンにわたって戦うことになります。

私は現場を転戦するチームではなく、和光にあった研究所でエンジンのテストを行うテストベンチ屋をしていたので、ドライバーやウイリアムズのスタッフとの接点はほとんどありませんでした。それでもウイリアムズのファクトリーがあるイギリスに何度か出張したことがあります。

ホンダがウイリアムズにエンジンを供給し始めた頃、ホンダはまだ自前のファクトリーを持っておらず、ウイリアムズの工場の一角を借りて、そこを活動拠点としていました。

あるとき日本とイギリスの輸送費がバカにならないので、レースで使用したエンジンをウイリアムズのファクトリーで消耗品だけ交換して、もう1回リビルト（再生）してテストに使用することになりました。その作業で、当時24歳の私はひとりで海外出張に行くことになったのです。

１９８０年代前半は日本からイギリスへの直行便がなく、アラスカのアンカレッジ経由でフランスのシャルル・ド・ゴール空港に行き、そこからイギリスに飛べ、というのが会社の指示でした。英語はろくに喋れず、海外に行くのも初めて、しかも当時はクレジットカードを持っていなかったので山のようなトラベラーズチェックをバッグに詰めて、ウイリアムズのファクトリーに出張することになりました。

ホンダは当時、F1を含め、あらゆる分野で技術者の頭数が全然足りていなかったので、私はいきなりそのプロジェクトのリーダーです。若造の私がホンダの代表としてウイリアムズの設備担当者と話をすることになりました。

ところが現地に着いてみると、リビルト用のテストベンチに必要な配管工事の工期が2週間ほど遅れるというのです。「じゃあ、いったいどうしてくれるんだ」とウイリアムズの設備担当者に文句を言いに行くと、「配管の作業員がバカンスなんだよ。仕方がないだろう」と軽く言われました。

その頃の日本はバブル景気に突入する前でしたが、経済に勢いがあり、休みなく働くことがよしとされていた時代です。当時の日本人のサラリーマンの感覚ではバカンスで約束していた工期が遅れるなんてことはあり得ません。内心では「仕方がないとはどういうことなんだよ」と怒りを覚えました。

だから私はすぐに山のようなトラベラーズチェックを持って近くの工具屋に行き、パイプカッターやパイプレンチなどを買うことにしました。それで、私とエンジン制御の操作盤をつくっているメーカーさんと組んで、自分たちで必死に配管工の仕事をしてリビルト用のテストベンチをつくり上げました。

「お前たちの仲間がバカンスで休んでいる間に俺たちは仕事をして工期を短くしてやったぞ。これでテストが順調に進むだろう」と自信満々でウイリアムズの担当者のところに行きました。私は笑顔で感謝されると思っていたのですが、彼らは怪訝《けげん》な表情を浮かべて私のことを見ているのです。

向こうは私のことをエンジニアだと思っているのに「コイツはなんでブルーカラーの仕事をしているんだ?」というわけです。ホンダの感覚ではエンジニアとワーカーに差はありません。エンジニアとワーカーは頭脳と筋肉のような関係ですが、ホンダでは頭脳と筋肉が分かれるという概念がありません。技術者はみんな頭脳付き筋肉です。

ところがヨーロッパではホワイトカラーとブルーカラーの仕事は明確に分かれていますし、ホワイトカラーがブルーカラーの仕事を取ってはいけないというルールがあるのです。イギリス人のワーカーにはこんなことを言われました。

「日本人は休みなく働いているけど、お前はなんのために働いているんだ。サービス残業なんかしてバカじゃないのか」

ヨーロッパは階級社会と聞いてはいましたが、カルチャーショックを受け、日本人との働き方の違いにも驚かされました。

イギリスで得た大きな教訓

当時のホンダは、技術者が足りていなかったこともあって、若造が無茶な体験をして成長していくという面白い時期だったと思います。入社3年目でいきなり設計の責任者になった人間もいますし、同期の出世頭はイギリス駐在のトップになっていました。イギリス駐在員はふたりしかいなかったみたいですが、トップはトップです。とにかく若造が現場の最前線に否応なしに放り込まれ、そこで挫折するケースもありましたが、育つ人間は急激に伸びていきました。

私が育ったかどうかはあやしいですが、結果としてはうまくいったのかもしれません。でも当時は自分が成長しているとは思わなかったですし、無茶苦茶なことをさせられているとも感じていませんでした。なぜなら私は世間を知らなかったからです。

イギリスへの出張期間は数週間程度で終わることが多かったですが、長いときには半年ぐらいのときもありました。当時、ホンダはいくつかの一軒家を借りていて、そこに海外のレースに同行する転戦組や日本から長期出張する社員が何人かで一緒に住んでいました。今でいうシェアハウスのようなものです。私も長期出張の際にイギリスのシェアハウスに半年ぐらい住んでいたことがありました。

そのときは辛かったです。当番制で自炊しながらの集団生活でしたが、仕事のつながりがある社員が24時間ずっと顔を突き合わせて暮らしていると、空気がギスギスしてきます。どこか外に出かけてプライベートな時間をつくろうとしても会社から与えられた車は1台だけ。結局は集団行動をするしかなく、逃げ場がないのです。

そうすると、ケンカしたり、何か嫌なことがあったわけでもないのですが、みんながイライラしてきて、一緒に住んでいる人間の箸の上げ下ろしなど、ささいなことも気になってくる。

そういうときに場を和《なご》ませるキャラクターがひとりいるだけで、家の中の雰囲気がまったく違います。チームの中にはそういう人材が重要だと身をもって感じました。この経験が、のちに軽自動車のN－BOXや第4期のF1プロジェクトで開発チームを編成する際にも役立つことになります。

世界最高峰のF1で頂点に立つ

F1復帰後、ホンダがエンジンを供給し始めた当初のウイリアムズのドライバーは、ケケ・ロズベルグ選手とジャック・ラフィット選手でした。

この頃のホンダのエンジンはレースに出ては壊れるの連続で、当時の私は「このままでは、F1で一生勝てないんじゃないか」と不安な気持ちになっていました。

しかし1984年の第9戦、テキサス州で開催されたダラスGPでロズベルグ選手はホンダに復帰後の初勝利をもたらしました。このレースはクラッシュやアクシデントが続出し、完走がわずか8台という大荒れの展開で、フルパワーで走る時間が短かったことが幸

イギリスのウイリアムズのファクトリーで、F1マシンのコクピットに座る浅木氏（写真提供／著者）

いしました。優勝できたのはラッキーな面がありましたが、1回勝つとやっぱりホッとしましたし、このまま続けていればなんとかなるという自信を持てました。

1985年シーズン、私がF1エンジンの開発に関わり始めた頃から主張していた、直径の小さいスモール・ボアのエンジンが投入されると、パワーと信頼性が大幅に向上しました。

新加入のナイジェル・マンセル選手とロズベルグ選手のふたりでシーズン終盤の3連勝を含む4勝を挙げ、ウイリアムズ・ホンダはコンストラクターズランキングで3位となり、表彰台の常連となっていきます。

開発チームのみんなは勝ちたいので、結果が出るようになれば生意気な若造でも一目置いてくれます。

私の上司も、「浅木が来てからF1の開発チームに活気が出て雰囲気が変わった」と評価してくれましたが、開発体制の変更があり、私は1985年シーズンを終えるとF1チームを離れることになりました。

異動の辞令が出たときには「俺がいなくなってうまくいくのかな」という思いも正直ありました。それでも私が開発に関わったエンジンが投入された1986年シーズン、新たにチームに加わったワールドチャンピオン（81年、83年）のネルソン・ピケ選手とマンセル選手がドライブするウイリアムズ・ホンダは16戦中9勝という圧倒的な強さでコンストラクターズチャンピオンに輝きます。

「世界最高峰のF1で、ゼロから始めて、フェラーリやポルシェ、BMWに勝つことができた。新しい部署でもできないことはないだろう」という自信を胸に、私は和光研究所を離れ、量産車の開発を担当する栃木研究所（栃木県芳賀《はが》郡芳賀町）にあるV6エンジンの開発チームに異動することになりました。

第2章

V6エンジン開発と初代オデッセイ

閉ざされた出世の道と技術者人生最大の危機

F1からV6エンジン屋へ

私は1985年のシーズン終了とともにF1プロジェクトから離れ、主に量産車の開発を行う栃木研究所にあるホンダの最上級セダン、レジェンドや北米向けの車種に搭載するV6エンジンを開発する部署に異動しました。

当時のホンダのラインナップでは直列4気筒エンジンを搭載したアコードが一番大きいクラスで売れ筋でした。V6エンジンを搭載したレジェンドは発売したばかり（1985年10月）です。V6エンジンは中型から大型の高級乗用車に搭載されるので、北米市場が主戦場になります。

私の担当は主にテストで、F1時代と同様にベンチでテストをしてエンジン開発を行います。しかし私が思い描く図面を設計の担当者に描いてもらわないと私の狙いどおりの開発はできません。だから設計のスタッフが図面を描いているところに背後霊のように張りついて「これを直せ、あれを直せ」と指示を出していました。相変わらず生意気で変な若造でした。

私が配属された頃のV6エンジンの開発チームは、4気筒エンジンのチームに比べると小規模でした。4気筒エンジン搭載車の売れ行きは好調だったので、V6エンジン開発チームの置かれた立場は、第2期のF1活動が始まった頃と状況が重なります。

F2エンジンの開発チームはヨーロッパのF2で連戦連勝という結果を出していましたが、当初、F1の開発チームは先行きがまったく見えない状態でした。V6エンジンの開発チームもF1の立ち上げのときと同じような立ち位置にいると私は感じていました。当時の私は生意気で、上司を上司と思わないところがあったので、メインストリームの部署に配属されるタイプではなかったのかもしれません。

それでも1980年代に北米市場でホンダの人気はだんだん上がっていき、V6エンジンはホンダの稼ぎ頭となっていきます。V6エンジンが搭載されたレジェンドや北米向けのアコード、それにホンダがアメリカやカナダで展開している高級車ブランドのアキュラは車両価格が高く、4気筒を搭載した車に比べて1台あたりの利益率が圧倒的に高いのです。V6エンジン部門は花形部署になり、その出身者はどんどん出世していきます。

現在（2024年2月現在）のホンダの経営陣は三部《みべ》（敏宏《としひろ》）社長や本田技術研究所の大津《おおつ》（啓司《けいじ》）社長を始め、その多くはV6エンジン部門出身で当時の私の部下でした。

最初の危機とミニバン開発

日本がバブル景気に沸いていた時代、私はV6エンジンの開発チームに所属して、研究所で日々忙しく仕事をしていたのですが、生産拠点の製作所（工場）ではつくるものがなくて大変だという噂を聞いていました。日本ではバブル期にオフロード車や商用車をベースとしたワンボックスカーなどのRVがブームだったのですが、その波にホンダは乗ることができず、国内で売れる車がありませんでした。

頼みの綱の北米市場も1990年代前半は湾岸戦争の影響による不況でふるいませんでした。イラクがクウェートを侵攻したことに端を発した湾岸戦争の終結後、石油価格が高騰した影響でアメリカ経済は不況に陥ります。自動車市場は冷え込み、ホンダの経営は急速に悪化していきました。

そんなとき三菱自動車に買収されるかもしれないという噂を耳にして、「やばいかもしれないな」と私は思っていましたが、研究所での仕事は山積しており、私は会社の危機をそれほど深刻には考えていませんでした。ちょっと鈍感だったのかもしれません。

その頃、私が開発チームの一員として商品企画から関わっていたのが初代オデッセイです。この車はもともと北米のミニバンチームが企画したもので、レジェンドのV6エンジンを搭載する予定でした。北米の子育てをしているファミリー層にとって最適の車をつくるというプロジェクトでした。

1990年頃のアメリカではミニバンの市場がすでに形成されていて、私は開発チームの一員としてアメリカに行き、さまざまな地域でミニバンがどのように使われているのかを調査しました。

その結果をまとめ、V6エンジンを搭載したミニバンをつくるためのコストを開発チームで検討してみると、車両価格が非常に高くなることがわかってきました。しかも当時のホンダにはミニバンのような大型の車を生産する工場はなく、新たな工場を建設する必要がありました。試算してみると、工場新設にかかるお金は当時の金額でおよそ200億円。経営難が噂されるホンダにはそんなお金を出す余裕はなく、北米向けのミニバンプロジェクトは中止になってしまいました。

でも私の上司だった小田垣《おだがき》（邦道《くにみち》）さんというLPL（ラージプロジェクトリーダー＝開発総責任者）は、簡単にはあきらめませんでした。二枚腰、三枚腰の方で、「ミニバンはアメリカ市場で人気だが、不振を極める国内市場でこそ絶対に必要なクルマになる」という強い信念を持っていました。

アメリカでは日本よりも10年ぐらい早くトレンドが発生することがあります。そのトレンドが10年後に日本にも来る。社会が豊かになっていくと、子育て世帯向けの実用車など、いわゆるファミリーカーが売れる時期が訪れます。今、アメリカがその時期を迎えているのだから、やがて日本もそうなるというのが私たちミニバンチームの主張でした。

そこでプロジェクトが終了になっても開発チームのメンバーはこっそり集まって、北米向けよりもサイズが小さい日本向けの小型ミニバンの開発を続けます。一番の課題は200億円にも及ぶ工場投資をどうするのかということでした。そこで私たちは工場投資をせずにミニバンをつくれないかという逆転の発想をしました。

当時、ホンダのラインナップの中で一番大きな車、アコードを生産していたのが埼玉製作所・狭山《さやま》工場でした。そこで狭山工場に協力してもらいアコードをベースにしたミニバンの試作車をつくり始めます。エンジンは当初予定していたV6エンジンではなく、アコードに搭載していた直列4気筒を使用することになりました。

しかし、ここで大きな問題が生じました。研究所の技術者は車体、エンジン、トランスミッション、電気、デザインなどの機能グループに所属することになります。その機能グループから派遣されたメンバーでシビック、アコードなどの車種の開発チームが構成されます。

各機能グループはさらに細かい室課に分かれています。たとえばエンジンは大型のV6、中型の直列4気筒、それより小さいエンジンなどがあるのですが、私は機能グループではV6エンジン開発チームに所属し、国内向け小型ミニバン（のちのオデッセイ）の開発チームに参加していました。つまり機能グループとオデッセイの開発チームの両方に上司がいることになります。

当初、北米向けの新しいミニバンのプロジェクトにはV6エンジンを搭載する予定だったので、機能グループの上司は私をメンバーとして出したのです。ところがそのプロジェクトは頓挫し、日本向けの小型ミニバンに計画は変更となりました。埼玉県の狭山工場でつくられる小型ミニバンには直列の4気筒エンジンを搭載することになった時点で、本来、私はお役御免になるはずでした。

ところが私が勝手に6気筒ではなく4気筒エンジンの開発をやり始めたものですから、機能グループの上司が激怒しました。

「お前を将来のV6チームのリーダーに育てようと思っているに、なんで4気筒の企画をやっているんだ。早く戻ってこい」

上司の怒りは当然だと思います。そんなことを部下が勝手にやったら、たまったものではありません。でも当時の私は聞く耳を持ちませんでした。今のホンダにはこのクルマが絶対に必要だという強い思いがあったので、4気筒のエンジン開発を続けました。

最終的には上司がしびれを切らし、「お前はV6チームの仕事をするのか、オデッセイの仕事をするのか。どっちか選んでくれ」と言ってきました。私が「オデッセイの4気筒をやります」と答えると、機能グループの直属の上司はこう言い放ちました。

「お前は絶対に管理職にさせないからな」

管理職にさせないということは、出世の道が閉ざされることを意味します。私は出世にそれほど興味はありませんでしたが、そのときは結婚して子どももいたので、妻に「出世しなくていいか?」と相談しました。

すると私の妻は「いいんじゃない」とあっさり言ってくれました。妻は最初から私が出世するとは思っていなかったかもしれませんが、「これで出世することはなくなったな」と思いました。

古い成功体験は邪魔になる

当時、社内の上層部には、私たちが開発していたミニバンのことを〝温泉車〟と揶揄《やゆ》する人もいました。社員旅行などで温泉に宴会に行ったとき、駅前から温泉まで送迎するマイクロバスの小型版というイメージがあったのだと思います。

そもそもミニバンという概念が、その頃の日本にはありませんでした。多くの人が乗れて、たくさんの荷物を積める車といえば、トヨタのハイエースや日産のキャラバンのような商業用につくられたワンボックスカーしか選択肢はなかったのです。

私たち開発チームからすれば、ミニバンは子育てのための車です。子どもを学校に送迎したり、家族全員で買い物やキャンプに出かけたりするときに乗る車なのですが、それまでのホンダは主にセダンとクーペで急成長してきた会社です。

私たちが「セダンとバンが融合した、これまでにない新しいファミリーカーの時代が日本にも来ます」と、その必要性をいくら訴えても「ファミリーカー？　別にセダンでいいじゃないか」と上層部から言われ、議論がまったく噛《か》み合いません。

ホンダはもともと2輪と軽自動車でスタートしたメーカーですが、当時の会社の役員はセダンとクーペの開発に関わった人たちばかりです。彼らは自分たちの成功体験から外れたことは否定して、新しいことをなかなか認めようとしませんでした。

成功体験は「自信を得る」という意味では重要ですが、何か新しいことに挑戦するときには、逆にその「成功体験に縛られてしまう」可能性があります。そうすると同じことをしているにもかかわらず、世の中が変わっているので同じ結果にはならず、むしろマイナスの結果を生み出してしまうことにもなりかねません。

特にファミリーカーのような世の中の変化に対して柔軟に対応した商品を出そうとすると、古い成功体験は邪魔になることが多い。私は初代オデッセイの開発を通じて、技術者として大事な教訓を得ることになりました。

大ヒットした初代オデッセイ

企画は何度も上層部に却下されましたが、開発チームが粘り腰で役員たちに日本向け小型ミニバンの必要性を説得しているうちに「売れるかどうかわからないが、とにかくやってみるか」という雰囲気に徐々になっていきました。

当時のホンダは経営的に本当に厳しい状況だったのだと思います。小型ミニバンの企画を進めたとしても新たな工場をつくる必要がないので、失うものは何もありません。そういういくつかの要素が追い風となり、ミニバンの開発が正式に許可されました。

そして1994年10月20日、初代オデッセイは発売されると、国内のお客さんに高く評価され、大ヒットしました。国内の販売計画台数は月3000台でしたが、翌95年には1年で12万台以上を販売。増産に次ぐ増産となり、会社も持ち直して、ホンダの反転攻勢のきっかけになったのです。やっぱり自分たちの考えは間違っていなかった、当たってよかったな、と心から思いました。

その後、国内でオデッセイが売れたことで、もともとつくりたかったV6エンジンを搭載した北米向けのミニバンを生産する道も開かれました。1998年にはカナダに新工場を建設して、北米向けのオデッセイの生産がスタートします。

(写真提供/Honda)

累計販売台数は42万台を超えるベストセラーとなった初代オデッセイ

国内向けのオデッセイと同様に開発リーダーを務めた小田垣LPLのもとで、私はエンジン屋のLPL代行として開発に携わりました。このときに車体屋のLPL代行を務めたのが、のちにホンダの社長を務める八郷《はちごう》（隆弘《たかひろ》）さんでした。こちらのオデッセイも北米で大ヒットし、国内と共に成功を収め、ホンダの危機を救うことになったのです。

北米向けのオデッセイの開発が終わった頃、ちょうど研究所の組織体制の変更が行われ、私はV6エンジンの開発チームに戻ることができました。のちに管理職の試験を受け、V6エンジン開発室課のグループリーダーを務めることになりました。

技術者としての最大の危機に直面

私は再びV6エンジン屋となり、北米メインの仕事に戻りました。1990年代から2000年代にかけて、北米ではミドルセダンのアコードとトヨタ・カムリが激しい販売合戦を繰り広げていました。私はその最前線に立つことになります。

北米のセダン、特にアコードはホンダという企業にとっては非常に重要な車です。先述のとおり、北米のV6エンジンの搭載車は4気筒を搭載した車に比べて1台あたりの利益率が圧倒的に高い。しかもトヨタのカムリとアコードでは販売台数に大きな差はないのですが、ホンダのアコードは4気筒よりもV6エンジン搭載車の比率が高く、この時代のホンダを財政面で支えていました。

ところがアコードに搭載されるV6エンジンの開発で、私は技術者として最大の危機に直面します。当時、トヨタが6速のAT（オートマチックトランスミッション）を採用するとの噂を聞いたのですが、ホンダは独自設計のトランスミッションを採用しており、5速のATしかつくれなかったのです。技術者としては自信を持ってV6エンジンを開発しているのに、このままでは燃費性能でトヨタに負けてしまう。北米市場で食べているホンダにとっては、ジリ貧の出発点になるかもしれないという危機感もありました。

そこで私はVCM（可変シリンダーシステム）、いわゆる気筒休止エンジンを開発することにしました。気筒休止エンジンは走行状況によって自動的にエンジンを6気筒、4気筒、3気筒の3つのモードに切り替え、燃費を向上させるというものです。いわばトランスミッションの代わりになる技術です。

最初の気筒休止エンジンはまだ6気筒と3気筒のふたつのモードにしか切り替えができませんでしたが、実現させるまでの道のりは簡単ではありませんでした。

危機感から生まれた気筒休止エンジン

気筒休止エンジンは画期的な技術ですが、V6エンジンの機能グループから提案したとしても、商品企画をするLPLから「そんなものはコストがかかるのでいらない」と言われるのは明白でした。でも機能グループとしては、このままではカムリに燃費で負けてしまうという焦りがあったので、私はアコードの開発チームに入って、正式なメンバーとして気筒休止エンジンを開発することにします。

ギリシャ軍がトロイア軍を攻略するため、巨大な木馬の中に兵士を潜ませて侵入したという故事に倣《なら》って「トロイの木馬作戦」と名付け、私はアコード開発チームのV6エンジンのLPL代行となり、VCMをひっそりと開発。試作車に気筒休止の機能を盛り込んだエンジンを搭載しました。気筒休止エンジンは6気筒から3気筒にモードを切り替えないと、ただのV6エンジンです。開発責任者のLPLを騙したわけではありません。

試作車を走らせると、「誰だ！　こんなものを勝手につくって」とLPLは怒っていましたが、実際にテストをしてみると、「そこそこいいじゃん」という評価でした。結局、このままだとカムリに燃費競争で勝てませんし、会社として気筒休止エンジンを採用してみようという流れになっていきました。

気筒休止エンジンの一番の課題は6気筒から3気筒になるとバイブレーションが出て、6気筒のときのスムーズさがなくなることです。最初は開発がうまくいかず、このまま世には出せないのではないかとかなり悩みました。そこで私たち開発陣が手を組んだのは振動や騒音対策の技術を開発しているノイズバイブレーション屋です。

ただ、私のようなエンジン屋とノイズバイブレーション屋は犬猿の仲です。自動車から発生するノイズ（騒音）とバイブレーション（振動）の最大の発生源はエンジンです。だからノイズバイブレーション屋は「エンジンさえなければ静かなのに」などと平気で言ってきたりします。

ですから私は、ディーゼルエンジン用の振動騒音対策技術として「アクティブエンジンマウント」という技術を開発していたノイズバイブレーション屋に「俺と組まないと、お前が開発している技術は一生、日の目を見ないぞ」と説得して協力を取りつけました。結果、それが功を奏し、アクティブエンジンマウントを使うことで3気筒の振動を消すことに成功しました。

そして2003年6月、気筒休止エンジンを搭載する北米のアコードをベースにした上級セダン、インスパイアは日本国内で発売されました。エンジンを一緒に開発したノイズバイブレーション屋が「浅木と一緒に仕事をしたから本当に日の目を見ることができた」と言って喜んでくれたのを覚えています。

気筒休止エンジンは、私の技術者人生で最も難しい開発テーマでした。ホンダよりも前にゼネラルモーターズ（GM）を始め、メルセデス・ベンツ、三菱自動車も気筒休止エンジンを搭載した車を出すには出していましたが、どの自動車メーカーも販売面で成功していたとはいえません。

ホンダは、気筒休止エンジンを技術的に大きく進化させました。当初、気筒休止エンジンは6気筒と3気筒の2段階にしか切り替えることができませんでしたが、最終的には6気筒、4気筒、3気筒の3段階の切り替えを実現し、燃費を大幅に改善。国内のインスパイアを皮切りに、北米でも気筒休止エンジンを搭載したアコードやオデッセイなどが販売され、こちらも大きな成功を収めました。

この気筒休止エンジンは、技術的な難しさもさることながら、トヨタ・カムリというライバルと渡り合うためになんとしても開発しなければならないものでした。私がエンジニアとして経験した中でも、最大の危機といえるかもしれません。

インスパイアが世に出るまで、気筒休止エンジンを販売面で成功させたメーカーはないので、その意味ではF1のパワーユニット開発よりもハードルは高かったかもしれません。F1のパワーユニットはライバルのメルセデスやフェラーリも同じぐらいの性能を出していますが、気筒休止エンジンは性能面においてもライバルがたどり着けないところまで引き離すことができました。

世界初の商品をつくり出すために必要なこと

初代オデッセイや気筒休止エンジンの開発などを通して、私は技術者として大きく成長できたと思います。自分の信念は持ちつつも、ただ上司を批判するだけの一匹狼の若造では大きな仕事は成し遂げられないということがわかってきたのです。

今、振り返ってもオデッセイの経験は大きいものでした。第2期のF1は何も知らない入社2年目の若造が社内公募で選ばれてプロジェクトにポンッと加わっただけでしたが、オデッセイの開発のときは商品企画の段階からチームに関わることができました。

メンバーと共にアメリカに出向いてミニバンの市場調査を行い、車のコンセプトを決め、コストを検討して……。ミニバンという新たな商品を世に送り出すためにさまざまな仕事に携わりました。本当の意味で「自動車メーカーの技術者の仕事」を把握し、企業の一員としてチームワークの大切さも学びました。

技術者には個々の高い能力も必要ですが、それだけでは自動車を世に送り出すという大きな仕事はできません。個人の能力とセットで、周囲の人の気持ちを理解し、巻き込んでいくことの重要性を知りました。

また、たとえば初代オデッセイのような世の中に新たな価値を提案するプロジェクトの場合は、エンジンや車体などの各機能グループから集められたメンバーが、チームの中で自分に任された仕事をただ普通にこなすだけではうまくいかないことを、身をもって知りました。

エンジン屋であれば目標の燃費と出力を決めて、目標値をクリアしたら仕事は完了です。それが普通の仕事です。すでに実績があり、順調に売れている車種であればそういうやり方でも問題ないですが、うまくいっていない車種では何回やっても企画は通りません。そのままプロジェクトは消えていきます。

実は、私たちが提案したミニバンの商品企画は何度も失敗しています。うまくいかない車種の代表みたいなものでした。そういう難しいプロジェクトを成功させるためには、いくつもの困難を突破していかなければなりません。初代オデッセイでプロジェクトの成否の鍵を握ったのは、商品の企画を評価する役員たちとは異なった価値観を持った人間たちでした。

彼らは才能と情熱を備えていて、古い価値観に縛られた役員たちから何度も企画中止を告げられても決してあきらめませんでした。任された仕事の範囲を踏み越えて、開発予算が制限された中でクルマの設計だけでなく生産方法に関しても独創的なアイデアを考え、日本版の小型ミニバンという新しい車の価値を役員たちに訴え続けました。ありきたりの仕事をしていたら、絶対にプロジェクト消滅の危機を突破できなかったと思います。

世界初の商品をつくり出すためには、開発チームの中に普通じゃない人間、変わり者が絶対に必要だと感じるようになりました。それは、のちに開発リーダーとして担当した軽自動車のN－BOXや第4期のF1活動で証明されることになります。

第3章

N-BOXがヒットし続ける理由

コストではなくコストパフォーマンスの勝負

主力車種の開発責任者をクビに

2004年、私はV6エンジンの開発チームを離れ、商品企画室に異動。北米を中心にグローバルで販売される主力車種のLPL（開発総責任者）になりました。いわば会社の屋台骨を支える車の開発を任されたのですが、プロジェクトの途中でクビになってしまいました。

LPLの仕事は何段階かあります。最終的には開発チームのエンジニアを束ねて車の設計図をまとめ上げることですが、その前に商品企画をクリアしなければなりません。どういうコンセプトの車なのか？　その企画が上層部に認められて初めてモノづくりのリーダーになることができます。でも私は企画の段階でクビになり、モノづくりのリーダーになるゲートを通れなかったのです。

上司からは「今までのモデルを覆す画期的なものを提案してくれ」と指示を受けたのですが、それを言葉どおりに受け止めて、あまりに斬新な車を提案し、上層部は「コイツはホンダを潰す気か」と尻込みしてしまったのです。そのとき私が提案したのは電動化にシフトして強力なモーターを積んだハイブリッドカーでした。今だったら誰もが納得する企画だったと思いますが、時代がちょっと早すぎました。

当時のホンダは「北米一本足打法」といわれるぐらい、北米市場の利益に依存していました。この頃、ホンダは自社として初のハイブリッドカー、ふたり乗りのインサイト（1999年発売）を出していましたが、あまり売れていませんでした。トヨタが1997年に発売した世界初の量産ハイブリッドカーの初代プリウスも同様です。

ドル箱の北米を中心にグローバルで販売される主力車種に、まだなんの実績もないハイブリッドシステムを搭載するという、もし失敗したら会社が傾くようなリスクの高いストーリーに経営陣は乗ってきませんでした。会社が危機に陥っているときには逆にそういう斬新な企画は通るのかもしれませんが、うまくいっているときは不要なのです。経営的には正しい判断だったと思います。

ただ技術者としてホンダの将来を考えたとき、「今は儲かっているけど、現状維持を目指していたらいずれもたなくなる。世の中は電動化の方向に必ず進むはずで、他社に先駆けてこれぐらい斬新なことをやらなければならない。それに時代を先取りしたほうが面白いし、それがホンダじゃないの?」と私は考えていました。

結局、私は自分の考えを曲げなかったこともあり、ホンダがグローバルで販売する主力車種のLPLをクビになって、違う人間が私の役目を引き継ぐことになりました。新しいLPLが提案し採用されたコンセプトの車を見ると、経営陣が求めていた斬新さのレベルがわかりました。私には「今までにない商品を」と指示していましたが、この程度でいいんだと。私は今までにない独創的なことをやろうとして気負いすぎたところがあったのかもしれません。経営陣の「今の収益を失うかもしれない」という恐怖心を理解していなかったので、「ホンダを潰す気か」と上司は心配してしまったのです。

LPLとして開発チームを率いて、商品企画に1年から1年半ぐらい関わっていましたが、その間、私を慕ってついてきてくれた部下は少なくありません。

今でも、私が提案したような車をつくっていれば、ハイブリッドカーや電気自動車などの電動車に関わる技術やノウハウをほかのメーカーに先駆けて獲得でき、ホンダには別の未来があったのかもしれないと本気で信じていますので、残念な気持ちはありますが、それでも私をLPLにしてくれたことには感謝しています。

結局、私の失敗は営業を含めた上層部の人間をうまく〝騙す〟ことができなかったことです。騙すという言葉は悪いですが、相手が心配していることに対してしっかりと成功までのストーリーをつくって見せられなかったのです。それは勉強になりましたし、この経験を軽自動車のN－BOXの開発やF1のプロジェクトで活かすことができました。

お荷物の軽自動車の開発責任者に

私がグローバルの主力車種のLPLをクビになって社内でふらふらしていたら、私の同期の出世頭が「ダイハツのタントのような軽をやらないか」と言ってきました。車高が高めのいわゆるスーパーハイトワゴンと呼ばれる軽自動車です。

その頃、私はエンジン屋に戻ることを断っていたので、みんな取り扱いに困っていたのでしょう。それで「浅木を誰もなり手のいない軽自動車のLPLにしよう」という話になったのだと思います。

当時、ホンダの軽自動車はまったく売れておらず、大赤字で業界4位に甘んじていました。自社で軽自動車を開発・生産しているスズキとダイハツに負けるのならまだしも、スズキのOEM（相手先ブランドによる生産）で軽自動車を販売していた日産にも負けていました。

ホンダは自社で軽自動車をつくっているのに4位とはどういうことなんだよ、という状態でした。正直、お荷物です。でも軽自動車がお荷物になったのには理由があるのです。

国内の自社工場で軽自動車をつくるよりも、北米向けの輸出車をつくったほうがはるかに儲かります。ホンダの主力工場の鈴鹿製作所では軽自動車を追い出して、当時ホンダの子会社だった八千代工業に軽自動車の生産を委託していました。

ところが2008年にリーマンショックがやって来て、すべてが変わりました。世界的な金融危機を契機とした超円高で輸出がままならなくなり、鈴鹿製作所では生産する車がなくなってしまったのです。もはや八千代工業に軽自動車をつくってもらっている場合ではありません。

円高でも国内で売れる車といえば、当時の国内新車販売で約4割を占める軽自動車しかありませんでした。つまり軽自動車の事業を立て直さなければ、工場や販売店の雇用を守れず、大量のリストラをしなければならないという危機が迫っていたのです。

ホンダは女性を見ていなかった

ＬＰＬに選任され、当時のホンダの軽自動車に実際に乗ってみると、意外にも他社よりも印象はすごくよかったんです。よく走るし、乗り味も悪くなかった。でも、それはホンダの評価軸では圧倒的にいい、ということにすぎません。走りがよくても売れていないということは「これまでのホンダの評価軸は正しくないんだ」と直観的に思いました。

当時のホンダでは稼ぎ頭である北米の男性が運転したときに「いいな」と感じることがすべての車の評価軸の中心になっていました。それが軽自動車の開発にも大きな影響を与えていたのです。

でも軽自動車のユーザーは女性も多くいます。それまでのホンダの軽自動車は男性が乗るものとして設計されていて、女性のニーズにまったく応えられていなかったのではないか？　それがホンダの軽自動車が売れない最大の要因かもしれない、というのが私の仮説でした。

実際に販売店で調査してみると、ファミリー層が軽自動車を購入する際には多くの場合、女性が決定権を持っていました。彼女たちに受け入れられていないということは、やはり女性の視点が欠けていると確信を深めました。

N－BOXを始めとする「Nシリーズ」が登場するまで、ホンダは女性のニーズを見て車をつくっていなかったのです。でも、それは無理もありません。ホンダを支えていたのは北米のマーケットで、会社は全力で北米の男性向けに車をつくっていたのです。ところがリーマンショックによる円高で輸出ができなくなり、日本でつくるものがなくなって、これじゃあリストラしなければならないと切羽詰まった。そこで初めて車の開発で女性視点を本格的に取り入れることになったのです。

まず私は自社の女性社員の意見を聞くことにしました。ある程度開発が進んでしまうと、途中で「あれを直せ、これがおかしい」と言われても対応が難しくなります。ですから、開発の初期の段階から関わってもらい、試作車を検定するなどして、女性視点で忌憚《きたん》のない意見を言ってもらいました。

当然、全員の意見をすべて聞いていたら商品はいつまで経っても完成しませんが、女性社員たちは自分たちの意見がひとつでもふたつでも車に反映されると喜んでくれますし、実際に私では絶対に気がつかないことも指摘してくれたのです。

特にデザインには鋭い指摘が多かった。たとえばシートの柄を当時のヨーロッパでも流行っていたものを取り入れたら、その柄を見た女性は「爬虫類の身体を覆っているうろこに見える」と言うのです。うろこに見えてしまったら、デザインが好きとか嫌いのレベルの話ではなく生理的な拒絶反応です。いちから開発し直して素材から見直しました。

ほかにも小柄な女性が運転席に座ると狭いという意見も出ました。軽自動車のスーパーハイトワゴンは車高が高く、室内は比較的広いのが特徴です。「なぜ狭いの？」と驚きましたが、よく観察すると、小柄な女性がドライビングシートに座ると、ハンドルの下のあたりの出っぱりがちょうど膝に当たることがわかり改善する必要がありました。

ペダルの位置も同様です。150センチぐらいの小柄な女性はフロアに足が届かないこともあるので、ペダルをかさ上げして乗らなければならなかったのです。どうしたら日本の女性が運転しやすくなるのか？　ホンダは人間工学的にも感受性的にもしっかりと勉強していなかったので、さまざまな改良を加えていきました。

自転車をラクに載せられる広さを実現することにも気を配りました。たとえば子どもが中学生や高校生になると、塾に通うようになります。地方では子どもたちは自転車を利用することも多いと思いますが、帰宅時間になって雨や雪が降って、母親が心配して迎えに行こうとします。それでも多くの子どもたちは雨の中を自転車に乗って自宅に帰ってきます。私の娘もそうでした。なぜかと理由を聞くと、塾に翌日、自転車を取りに行くのが面倒だからだと言います。

自転車を車に積めれば、母親は子どもと一緒に帰れるので安心ですし、子どもも塾に自転車を取りに行くという手間がなくなり、母親と子どもの問題を一気に解決できます。そういう女性のニーズを掘り起こす作業を一生懸命やりました。

ホンダの車は、燃料タンクを前席の下に収める独自のセンタータンクレイアウトを採用し、ほかのメーカーよりも床面が低いのですが、ただ低くて広いですよというぐらいではなかなか消費者の心に届きません。ホンダ独自の技術をどう活かすのか、開発チームで徹底的に考え、軽自動車のレギュレーション（車両規則）の中で最大の広さを目指しました。それが実現できなければ、スズキやダイハツには勝てないと思っていました。

「山籠もり」でコンセプトを決める

N－BOXのLPLになったときに最も重要視したのは、開発チーム全員が目指すベクトルを合わせることでした。それができないと新しいことや大きな仕事は成し遂げられないと、初代オデッセイを開発したときに経験していたからです。

チームのベクトルを合わせるためにやったことが、ホンダ伝統の「山籠もり」です。開発の主要メンバーが集まって、2日間ぐらい温泉旅館に連泊して、市場調査の結果を基にどんなコンセプトの車にしていくか、朝から晩まで徹底的に意見をぶつけ合います。初代オデッセイの開発チームにいたときにも散々やりましたが、私も先輩たちから受け継いだことを真似してやりました。

「どういう価値を出していくのか？」「安さ勝負では勝てない」「すぐに真似されるような

技術なら、数年後にライバルは投入してくるだろう」「じゃあ簡単にコピーされず、お客さんにとって価値があるものを、ホンダが得意な技術を使ってどうやって構築できるのか」などなど。

山籠もりでそういう議論を重ねながら開発チームがアイデアを出し合い、新しい軽自動車のコンセプトを決めていきました。合宿のようにチームのみんなで寝食を共にしながらアイデアを出すというのは非常に有効だと思います。

山籠もりをしても、皆が皆、最初から活発に意見を言うわけではありません。ずっと話を聞いているだけで何も喋らない人もいます。でも2日ぐらい旅館に泊まって、温泉に入って美味しいものを食べていると、何も喋らないでいるのは結構心苦しくなってくるようです。すると自分が常々感じていることをポロッと口にすることがあります。

それが自分の仕事のハードルを上げてしまうようなテーマだったりするのですが、何日も一緒に議論を重ねているうちにだんだんと「自分の仕事が苦しくなるとか言っていられない。この車を少しでもよくするためには自分もチャレンジしよう」という意識になってきて、アイデアが出てくるのです。そういう風に開発メンバーがポロッと口にしたものを寄せ集めて、コンセプトを決めていきました。

潜在ニーズを見極める

軽自動車の市場調査をしてみると、100人に聞けば100人のお客さんが「価格の安さが一番のポイント」という答えが返ってきます。ホンダで軽自動車をずっとやっていた開発の人間や営業担当に話を聞いても、「安くなければ軽は売れない」と全員が口をそろえます。しかし安く売ろうとしていたのにうまくいかず、当時のホンダは軽自動車市場で業界4位に落ち込んでいました。

ただ私がLPLになっていろいろ調査した結果、どう考えてもホンダは安さ勝負でライバルに勝てる見込みがないことがわかってきました。コストや賃金の面から考えて、無理をしてホンダが収益を削って安くしても、ライバルがさらに車両価格を下げてくるのは目に見えています。輸出車ならまだしも、軽自動車でコスト勝負をしても勝機はないと思いました。

開発メンバーともさまざまな角度から検討した結果、「車両価格は高いけど、コストパフォーマンスがいい」という世界で勝負するしかないと結論づけました。そのためにはお客さんが望んでいる潜在ニーズをライバルメーカーには簡単に真似できない独自技術で実現できるかどうかが勝負だと思いました。考え抜いた結果、見つけ出した答えは「安全性」でした。

N－BOXは、女性の視点を取り入れ、安全性の価値を追求したファミリーカーを目指しました。私が開発に関わった初代オデッセイは「子育てに最適な車」というのがコンセプトでした。それを受け継ぎ、軽自動車のレギュレーションの枠でつくったミニ・ミニバンがN－BOXでした。

安全装備を充実させ、急激な車両の挙動変化を抑制するための装置、VSA（ビークルスタビリティアシスト）や挙動の急な登り坂道でも後退せずスムーズに発進できるヒルスタートアシストシステムを標準装備しました。さらに運転席エアバッグに加え、助手席用エアバッグも搭載しています。

ライバルメーカーの中には、軽自動車は地方の足なので安くしなければならないという理由を挙げて、安全装備の義務化を後回しにするような動きもありました。それはそれで正しい側面もあるかもしれませんが、子どもや家族の命に代えられるものはありません。ホンダは安全性を追求しました。

他社ではオプションになっている安全装備を全部つけたらホンダのほうが安くなる。しかもエンジンルームをコンパクトにして、センタータンクレイアウトを採用しているのでフロアは低くなり、軽自動車の中で室内空間は一番広く、自転車もラクに積める――。そういうコスパの高い車をつくることにしました。

安全装備の面はお客さんのニーズがあると同時にホンダの強みでもあり、ほかの軽自動車メインのメーカーには真似できないことです。ホンダは世界各国に展開しているグローバル企業なので、VSAやエアバッグにしても、軽自動車がメインの自動車メーカーとは研究・実用化できる技術も違い、部品調達の規模も違います。スケールメリットを活かしてコストを抑えられます。しかしN－BOXが登場するまでのホンダの軽自動車は、価格を抑えるために他社と同様に安全装置を削るなどしてコストを抑えていました。その発想を転換させたのです。

グローバルに展開しているホンダだからこそ実現できる技術をいち早く投入して、コストパフォーマンスがよく、高い安全性を備えた子育て世帯向けの軽自動車をつくる。それが開発チームがたどり着いたホンダの新しい軽自動車の方向性でした。

この企画を会社に提案したとき、ずっと軽自動車の開発や営業をやっていた人間は私のことを「コイツは何を考えているんだ。軽自動車は安くないと売れないんだ。そんな車両価格が高くなる安全装備は誰も必要としていない」と思っていたはずです。

市場調査をしても、世の中にまだない車を「評価」する人はいません。そこで大事になるのは潜在ニーズです。まだどこの会社もやっていないからこそ潜在ニーズがあり、ビジネスチャンスがあると経営陣を説得し、新しい軽自動車をつくることになりました。

F1と軽自動車の開発は似ている

実は、F1と軽自動車の開発はよく似ています。なぜなら、車体のサイズやエンジンの仕様などを規定したレギュレーションの限界ギリギリのところで、いかにして最高のパフォーマンスを発揮できる車をつくるかが勝負の鍵になるからです。

その軽自動車の厳しいレギュレーションの中で、技術でなんとか勝負できるポイントは車の全長です。各車共に全幅はすでに目一杯広がっているので、ポイントになるのはアクセルペダルをどこに置くのか。ドライバーの位置を前に持っていけば、その分だけ後席や荷室を広くすることができます。

私が求めたブレイクスルーはエンジンです。エンジンルームをコンパクトにできれば、その分、アクセルペダルを前に配置することができ、室内空間を広くすることができます。

そこで私はプラットフォーム（車の骨格）の刷新と新たにコンパクトなエンジンをつくることを経営陣に許可してもらいました。しかし、そこで問題になるのは衝突安全性です。

自動車は衝突したとき、アクセルペダルよりも前方部分がつぶれることで衝撃を吸収し、人の命を守ります。本来であれば、衝撃を吸収するエンジンルームが大きければ大きいほど、衝突時にエンジンがつぶれるスペース、衝撃吸収ストロークを稼げるので、高い衝突安全性を実現できます。でも、そうなると後席や荷室のスペースは小さくなり、自転車をラクに載せることは難しくなります。

そこで私は最初からつぶれることを想定してエンジンを設計すれば、エンジンを使って衝撃を吸収できると考えました。だから私は開発チームのメンバーに「衝突したときに衝撃吸収ストロークを確保できるように、つぶれて消えてなくなるエンジンをつくれ！」と指示を出しました。でも部下からは「そんな無茶な……。不可能です」と言われました。

もちろんエンジンは消えてなくなりませんが、ぶつかったときにエンジンが衝撃を吸収し、それによってエンジンを小さく折り畳むことができれば、衝撃吸収ストロークを稼ぐことができます。私はつぶれた形を考えてエンジンを設計しろと指示を出したのです。

通常、衝突した後の構造を考えてエンジンを設計するようなことはしません。性能やコスト、組み立てやすさなどを考慮してエンジンをつくっていきます。自分がV6エンジンの開発チームの一員だった頃は、エンジンの馬力や燃費などの機能だけを見ていればいいので、「衝突安全は衝突の担当者が考えればいいだろう」というスタンスで仕事をしていました。でも車種の開発総責任者のＬＰＬになると、そうはいっていられません。

部下と共に何度も議論を重ね、最終的には発電機やエアコンのコンプレッサーなどの補器類がつぶれたり、エンジンの隙間に潜り込んだりして衝撃吸収ストロークをつくり出すというアイデアを考えつきました。

ところが、私がエンジン屋に「ぶつかったときにこうして折りたためるようにできれば、小さくなるじゃないか」と言っても、「絶対に無理です」と担当者は返してきます。一方、衝突屋もシミュレーションのデータを基に「こんなに短い衝撃吸収ストロークでは安全性の目標をクリアできません」と言います。

そういうやりとりを何度も繰り返しているような状況だったので、私は、百聞は一見にしかず「とにかく一度ぶつけてみて、その結果を基にアイデアを考えよう」ということにしました。

それで実際に衝突させてみたら、シミュレーションどおりにはならなかったのです。エンジンはつぶれて、衝撃吸収ストロークを稼げていました。シミュレーションでは、ある部分のボルトは折れないはずだったのですが、それが偶然折れたことによるものでした。

その結果、衝突屋はシミュレーションを再構築し、最終的にエンジンルームを70ミリも小さくすることに成功しました。

その分、運転席を前に移動させることができ、室内空間を広くすることが可能になったのです。私と何度も口論しながらエンジンを開発した担当者は「荷室を広くした初めてのエンジン屋」と言われていました。


厳しいレギュレーションの中でどう勝つのか。そのためには、他社ができない何かをやらなければ勝てません。しかもすぐに真似ができるアイデアでは1、2年しか優位性を保てないので、他社が簡単に真似できないレベルで徹底的にやるんだ、という意志で開発に取り組み、軽自動車としては圧倒的な広さを生み出すことができました。それが今でもN－BOXの強みになっています。

量産準備に入った段階で東日本大震災が発生

ライバルが真似できない広大な室内空間を実現できる目途《めど》が立ち、N－BOXの開発は量産準備の初期段階に入ろうとしていました。そこに新たな危機が立ちはだかります。

２０１１年3月11日に発生した、東日本大震災です。

地震が起きたとき、私は栃木研究所の3階の会議室でN－BOXの会議をしていました。揺れがなかなか収まらないなと思っていたら、揺れがさらに激しくなってきました。会議室のドアが開かなくなるかもしれないと思って、慌ててドアを開けたことを覚えています。

揺れが収まった後にいったん研究室の外に退避しました。そのときは同じ研究所内にあるN－BOXの設計室がどんな状況かわからなかったのですが、ひどいことになっていました。室内には物が散乱し、図面を描く機械もどれがどれだかわからなくなっているような状態でした。研究所では食堂の壁が崩れて男性従業員の方がひとり亡くなっています。とてもすぐに仕事に取り組めるような状況ではありませんでした。

その後、研究所の建物の安全確認には数ヵ月かかるということがわかり、図面を描き上げる作業、出図《しゅつず》が完全に止まります。そのためサプライヤーさんに図面を渡して部品をつくってもらうことや、工場に図面を渡して金型などをつくってもらうことができなくなってしまったのです。

急遽、埼玉の和光研究所に出張して図面を描いていたのですが、らちが明きません。そこで私たちは三重にある鈴鹿製作所の元食堂だったスペースに出図用の機械を入れて、広大な作業場を設けました。軽自動車の設計を担当する約200人はみんな近くの寮に住み込んで、出図の作業を続けました。もちろん私もです。当時はホンダの車が売れていなかったので期間従業員がおらず寮は閑散としていたので、寮から歩いて通勤して作業をする生活を約2ヵ月間続けました。

当時の伊東（孝紳《たかのぶ》）社長は軽自動車の開発を研究所と切り離し、軽自動車の事業を製作所に集約化したほうがいいという考えを持っており、震災を機に、一気に組織変更を断行しました。鈴鹿製作所が正式に軽自動車の新たな開発・生産拠点となり、私たちは転勤の辞令を受けて鈴鹿に住むことになりました。

工場の人たちとの軋轢

私は鈴鹿製作所に異動になり、鈴鹿市の白子《しろこ》駅近くのマンションに住み始めました。開発と生産の各部門のスタッフが一堂に会し、仕事をすることで効率化とスピードアップが図れましたが、震災の影響で作業スケジュールは遅れていました。N－BOXは2011年の年末に販売開始の予定でしたが、普通にやっていてはどうやっても間に合わないことがわかってきました。

そこで私は「決裁権をすべて私にください」と上司に掛け合いました。通常は研究所の人間が最高責任者を務める評価会という会議体があり、そこに工場や営業の担当者などが参加して、開発や生産に関するさまざまな問題を話し合って決めていきます。

しかしスケジュールは相当遅れていますから、そういうプロセスを極力なくしたいと考えました。そこで私は評価会を廃止する代わりに、権限を与えてくれたら当初の予定どおりに生産を立ち上げてみせると経営陣に交渉し、了承を得ました。ところが、この件に工場の人たちは大反発します。

「なんでLPLがすべての決裁権を持つんだ。おかしいじゃないか」と不満を口にしていました。工場の人たちは最初、私がもともと研究所の出身なので、スケジュールの遅れを工場に押し付けるような決定をするのではないかと疑っていたのです。でも実際はそうではありません。研究所に関する事案は私が言えばなんとでも調整できるので、工場の言い分をきちんと聞きました。それで工場の現場はだんだん落ち着いてきました。

その後も工場の人たちとは密接にコミュニケーションを取るように心がけました。定年退職の数週間前には、ホンダの創立75周年を記念したイベント「SUZUKA春祭り」を鈴鹿製作所で開催するので、ぜひ来てほしいと声をかけていただきました。そこで製作所の人に「こんなに現場に足しげく顔を出すLPLはいませんでした」と言われましたが、私は在職中、工場内のいろんな現場に行っては「問題はないか?」と聞いて回っていました。時には、食事やお酒を共にすることもありました。そうしているうちに、工場の人たちも私を信頼してくれるようになってきたと思います。

私は工場の塗装ラインによく行っていました。N－BOXの派生車種N－BOX+(2012年7月発売)と、同じNシリーズのN－ONE(2012年11月発売)の塗装はツートンカラーにこだわりました。ヨーロッパでも小さい車は安い車と捉えられることが多いですが、BMWのMINIやメルセデス・ベンツが開発したsmartなどの一部の小型車は違います。おしゃれで洗練されたイメージを強調し、安さを売りにはしていません。

そういう車は生活臭を消すためにツートンカラーをよく使います。N－BOXを始めとするNシリーズも軽自動車で安いからという理由ではなく、安全で小さい車が好きで乗っているという人もいるはずです。実際、ホンダのNシリーズは車両価格が高く、お金を節約するために軽自動車に乗っていると思われたくない人もいると考えて、ヨーロッパの車と同様に生活臭を消すためにツートンカラーを採用しました。

ところがツートンカラーは、工場の人たちに「そんな手間がかかることはできません」

と大反対されました。それでもあきらめず、時には酒を飲みながら何度も説得しているうちに、「新しいアイデアがあるので、こうすればできるかもしれません」と言ってきてくれ、導入することができました。一緒に仕事をしているうちに私の熱意が伝わり、開発チームに一体感が生まれていったんだと思います。

でも当初は、工場の人たちの私に対する印象はよくなかったみたいです。当時の所長から「浅木さんがLPLとして最初に鈴鹿に来て、工場の人間を前に就任の挨拶をしたときに『私は鈴鹿の雇用を守るために来ました』と言ったんです。それを聞いて、彼らは相当カチンときていたんですよ」と、N－BOXが売れた後に笑いながら話してくれました。

私はすっかりそのことを忘れていましたが、鈴鹿の雇用を守ろうという気持ちが強すぎたので、上から目線でものを言っているように思われたのでしょう。肩に力が入りすぎていたのかもしれません。

それでも一緒に仕事をしているうちに、私の言葉に嘘がなく、本気で雇用を守ろうとしていることがだんだんと工場の人たちに伝わったようです。「本当に売れる車をつくらないと自分たちの雇用が守れないんだ、いい車をみんなでつくろう、と考えるようになっていきました」と当時の所長は話してくれました。

楽しくなければいいものはつくれない

実はミニバンのプロジェクトと同様に、軽自動車もうまくいかない車種の代表みたいなものでした。過去に何度も失敗しています。こういう難しいプロジェクトを成功させるには、いわゆる変わり者がある程度、開発メンバーに入ってこないと世に出ないと思っていましたが、やっぱりN－BOXでもそういう人たちが活躍してくれました。

当時のホンダの軽自動車は全然売れていません。開発チームはエンジン、車体、トランスミッションなどの機能グループから集められた技術者で編成されますが、各室課が出す人材の質は売れ筋のアコードやシビックとは全然違うわけです。それも当然です。

軽自動車というまったく稼いでいないところに人材を出すわけですから、開発チームに集まってくるのは変わり者、各機能グループからアコード、シビック、フィットなどに優秀な人材を出した後で残っている人たちしかいません。実はこの中で一番役に立つのは変わり者です。

変わり者は大体、空気が読めないので上司や同僚と折り合いが悪く、扱いづらいという評価です。でも彼らは能力やセンスがないわけではありません。ベクトルさえ合えば、普通の人間の倍は働けます。本当に難しいことをやろうとするときに中心になるのは、扱いにくい変わり者です。実際にN-BOXの開発のキモは、エンジンルームを70ミリ短くすることでしたが、そのときに大きな力を発揮したのは変わり者でした。

開発チームの中で、もうひとつ欠かせないのは和ませキャラの人間です。極論すれば、何も仕事ができなくても、その人間がいるだけで周囲が和み、パッと明るくなるというのはひとつの能力だと私は捉えて、高く評価しています。

N-BOXは震災によって鈴鹿に住み込んで開発することになったので、尚更《なおさら》そういうキャラクターの人間が重要になりました。ギスギスした環境の中ではいいものは決してつくれません。モノづくりは苦しいことが多いですが、楽しくなければいい仕事ができないと私は思っています。

これは第2期のF1時代、イギリスの長期出張の際にも経験したことですが、チームを組んで仕事をして成果を出すためには、大事なことだと思います。ですから、変わり者をうまく活用することと、和ませキャラをチームに入れて楽しい環境をつくること。このふたつはリーダーがやらなければならないことだと思います。でも実行するのは案外難しい。

私は勝手に「技術者のダイバーシティ」と呼んでいます。普通は国籍、性別、年齢などが異なる人材を入れることをダイバーシティといいますが、いくらバックグラウンドが異なっていても同じような思考や感性を持っている人を集めただけではいいチームにはならないと思います。

大企業になった今のホンダには国籍や性別を問わず優秀な人間が多いですが、尖ったセンスを持った変わり者や和ませキャラも絶対に必要です。開発メンバーがそれぞれのキャラクターを認め合った上で個性を最大限発揮できれば、一番強いと私は思っています。

チームを立ち上げて、いろんなキャラクターの人が混ざり合い機能するようになるまでには時間がかかります。私は3年ぐらい必要だと思っています。N－BOXの開発ではさまざまな危機がありましたが、それをみんなで乗り越えていくうちにだんだんいいチームになっていきました。チームの解散式があったときに部下たちが「本当に楽しかった」と口々に言ってくれました。リーダーにとっては一番うれしい言葉です。

特にそれまで会社で扱いづらい変わり者として見られ、報われなかった人たちが私と一緒に仕事をすることで成功し、自信をつけ、変わっていく姿を見るのは大きな喜びです。私はそのために仕事をしていたといっても過言ではありません。

N-BOXのヒットは想定外

N-BOXは2011年の12月16日に発売されました。私は、2本ある鈴鹿製作所の生産ラインをN-BOXの1車種で埋めるのは難しいだろうから、同じプラットフォームを使ったNシリーズのN-ONEやN-WGNなどでもう1本のラインを埋めるという構想を描いていました。ところがN-BOXを発売した最初の年で、2本のラインが埋まってしまいました。それだけN-BOXが世間に受け入れられたということですが、正直いってこんなに売れると思ってなかったので想定外でした。

N-BOXは2023年の10月には3代目が登場しています。もちろん中身は進化していますが、外

2011年12月に発売され、大ヒットを続けている軽自動車のN-BOX。写真は初代モデル（写真提供／Honda）

観のデザインは大きくは変わっていません。それでも軽自動車の新車販売台数で9年連続の首位を獲得しています（2023年末時点）。

N－BOXが今でもお客さんに支持されているのは、他社がおいそれと真似できない技術を備えていたことと、デザインに普遍性があったこと。このふたつが重なったことが大きいと思います。競合他社も必死に開発しているはずですが、それでも彼らがN－BOXを超えられないということは、私の分析は間違っていないと思います。

他社が真似できない技術とは、軽自動車のレギュレーションの中で最大の空間をつくったことと、安全装備を比較的安価に導入できたことです。

次はデザインの話です。スーパーハイトワゴンはデザイン上、ボンネットが低くなりがちです。そうすると可愛くなりすぎてしまい、男性は敬遠してしまいます。そこでN－BOXは、ガラスとボディの比率を、人が最も美しいと感じるバランス比率とされる黄金比「1対1・618」にしました。黄金比はイタリアのルネサンス期を代表する芸術家レオナルド・ダ・ヴィンチが描いたモナ・リザの顔にも使われているそうですが、その結果、男性にも女性にも違和感がなく、可愛すぎず、クールすぎない、普遍的なデザインにすることができました。

さらにヒットの理由を挙げるとすれば、ホンダの軽自動車は売れていなかったこと、リーマンショックによって鈴鹿製作所でつくるものがなくなったこと、このふたつのピンチをチャンスに変えることができたのも大きかったと思います。

2011年の東日本大震災を契機に、ホンダは軽自動車の生産を鈴鹿製作所に集約することを決断します。鈴鹿の製造ラインに合わせた軽自動車をつくるためにエンジンとプラットフォームを刷新することになりました。その結果、N－BOXを皮切りとして新しいプラットフォームを用いた軽自動車をNシリーズとして売り出す、というチャレンジができました。

それは会社の危機がきっかけなのですが、もし逆にホンダの軽自動車が売れていれば開発予算を抑えるために既存の商品のプラットフォームやエンジンを活用して……という経営判断が働いたかもしれません。しかしまったく売れていなかったことで既存の商品を引きずることなく、新しい商品をいちから開発することができました。

たくさんの軽自動車の車種と台数を売っているスズキやダイハツがプラットフォームとエンジンを一新するのは大変なことです。両社は共に派生車種がたくさんあるので設備投資が膨大になります。そこまでの投資をしてN－BOXの牙城を崩すことができるのか、という議論を競合他社では散々やっているはずです。

でもＮ－ＢＯＸ発売から今までの状況を見ていると、膨大な投資をしてまでＮシリーズとはガチンコ勝負をしない、という結論になったのだと思います。そう考えるとＮ－ＢＯＸのヒットは、コスト（安さ）ではなくコストパフォーマンスの勝負に持ち込めたことが一番の勝因といえるのかもしれません。

時代のちょっと先を読む

Ｆ１と軽自動車の開発は、厳しいレギュレーションの中で勝てる車をつくるという意味では同じかもしれませんが、まったく違う点もあります。純粋に速さを競い合うスポーツのＦ１は、正解はひとつという世界です。ラップタイムが速い、それが正解です。非常にシンプルです。

でも軽自動車の場合はユーザーの好みは千差万別ですし、車の使い方も多様です。正解はひとつというＦ１の世界と異なり、Ｎ－ＢＯＸなどの商品開発では正解はお客様の数だけあるという世界です。私はどちらかといえば前者、テストをして結果が出るものが得意です。

レースの世界ではレギュレーションの中で最大限の性能が出せる車やエンジンを開発す

ることができれば、自ずと結果が出ます。でも軽自動車の商品開発では、たとえレギュレーションの中で優れた性能の車をつくったとしても、人の気持ちや世の中の流れなどが合わないといい結果が出ないので、やはり難しいところがあります。

軽自動車に限らず自動車の商品開発は、市場調査をしたり、お客さんの意見を直接聞いたりしながら、多くのターゲットユーザーに支持されるコンセプトを探っていきますが、開発する人間がターゲットユーザーに近くなればなるほど、なかなか客観的に見ることができず、うまくいかないケースもあります。そこも難しさのひとつです。

でも幸いN－BOXは、私にとってすごく遠いところにある車でした。軽自動車は、私が入社してから開発に携わってきたF1エンジンや高級セダンに搭載されるV6エンジンとはある意味対極にあります。しかもメインターゲットは子育て世帯の女性だったので客観的に分析することができ、潜在ニーズを読みながら商品の開発ができたと思います。

「独自技術で潜在ニーズに応える」という開発テーマで設定していろいろと探っていった結果、子育てに適した軽自動車がニーズとしてあったということだと思います。自分で言うのもおこがましいですが、私はそういう潜在的なニーズを読むことに長《た》けていました。

そこが技術者としてのセンスであり、勝負所です。

誰でも顕在化したニーズはわかりますし、それを基にした車づくりはできます。でも潜在ニーズというのは、そこにニーズがあるかどうか、まだ明確になっていません。誰も気がついてないからこそ他社に先駆けて挑戦して成功すれば大きなシェアを取ることができます。初代オデッセイがまさにそうでした。

商品企画は時代のちょっと先を読みながら進めていきます。時代の先を行きすぎても遅すぎてもダメなのですが、N－BOXはちょうどハマったなという感覚があります。そこは自分でどうしようもない運の要素があったりしますが、時代の流れと自分の考えが全部合致して、これだけの大ヒットにつながったと思います。

N－BOXがこれほど売れたのは想定外ですが、こうなってもおかしくないと思いながら開発はしていたので、狙いどおりにできたともいえるのです。

成功と失敗はセット

N－BOXは大ヒットしましたが、今あらためて振り返ってみると、成功と失敗はセットだなとつくづく感じます。初代オデッセイのときはV6エンジングループの上司に楯突いて勝手に4気筒エンジンを開発し、「お前を管理職にさせない」と言われ、妻に本気で「出世しなくていいのか」と相談しました。失敗したら後がないという覚悟で取り組んだからこそ、初代オデッセイは売れたのだと思います。

N-BOXのLPLになる直前には、北米を中心にグローバルで販売される主力車種の開発責任者を商品企画の段階でクビになり、大きな挫折感を味わいました。ふらふらしていたら同期の役員が、失敗続きで誰も引き受ける人がいない、軽自動車の開発をやってみないかと声をかけてくれました。

「ここで結果を出せなかったら俺は本当にダメだと烙印《らくいん》を押される」という思いで必死に開発に取り組みました。その結果としてN-BOXを始めとするNシリーズはヒットし、私も技術者として生き残ることができました。でも、それ以上に会社の雇用を守れたことを心の底からうれしく思っています。

軽自動車はたいして儲からないから撤退すればいいという人もいましたが、私はそうではないと考えています。ホンダはグローバル企業ですが、日本の企業です。自分たちの基盤がある国で売れる商品がほとんどなく、存在感がなくなってしまったグローバル企業なんて存続し得ないと思います。

会社として利益を上げるために、国内の工場はリストラの嵐で、売れる車がなくなって販売店がどんどん潰れて失業する人がたくさん出ている。母国の人たちから信頼を失っているけれども、グローバルでは儲かっている――。そういう企業で日本の人たちが働いてみたいと思ってくれるのか？　私にはとてもそうは思えません。

私が開発に関わったミニバンや軽自動車ばかりが売れて、「ミニバンのホンダ」「軽のホンダ」と揶揄され、その原因をつくった張本人みたいにいわれることもあります。でも「〇〇のホンダ」と言われるということは、ある意味、この国に存在意義を残していることだと思うので、まったく気にしていません。

ホンダのミニバンや軽自動車を買ってくれるお客さんがたくさんいれば、販売店で車を売る人や工場で車をつくる人の雇用を維持することができます。軽自動車だろうとなんだろうと製造業として一定の規模を保ち、目につくところに販売店が存在し、ホンダの車が街中を走っていれば、そこに若い人たちが就職してみようかなと思ってもらえるはずです。むしろ日本に基盤がなくなった会社に誰がリクルートで入ってくるのでしょうか。

日本人の優秀な人間が誰も入らなくなったら、代わりに外国人の社員や技術者を雇えばいいじゃないかと言う人もいますが、それはどこかのいい加減なエコノミストやコンサルタントが書いている本の受け売りにすぎないと思います。大量の外国人を雇って、きちんとマネージメントしていく能力が今の会社にあるのか、そういう計算をちゃんとしているのか、と私は疑問に感じています。

N-BOXがヒットしたことで、工場や販売店の雇用と製造規模を守ることができた。それはホンダという企業の未来にとって、とても重要なことだったと私は思っています。

第4章

定年半年前に再びＦ１へ

ホンダの未来のために若手に何を残せるか

最後のご奉公でF1プロジェクトへ

Ｎ－ＢＯＸを始めとするＮシリーズの開発が一段落ついた２０１３年、私は54歳で鈴鹿製作所が生産するＮシリーズを始めとする軽自動車のＬＰＬ（開発総責任者）を束ねる執行役員になりました。

翌年にはホンダが国内で販売する車の商品開発を担当する執行役員となり、２０１６年にはホンダがグローバルで販売するスモールカーの商品開発を担当する執行役員になりました。年を重ねるごとにどんどん商品開発の守備範囲が広がり、２０１６年にはＮシリーズを始めとする軽自動車はもちろん、世界で生産されているコンパクトカーのフィットや小型ＳＵＶ（スポーツ・ユーティリティ・ビークル）のヴェゼルよりも小さい車はすべて私の担当案件となりました。グローバルでスモールカーを担当する執行役員の時代は、中国、インドネシア、タイなどの東南アジア、ほかにもインド、ブラジルなど、世界各国の工場にも行きました。

その頃はもう一度、モノづくりの現場に戻りたいという意欲はありませんでした。60歳の定年が迫っていたので、きれいさっぱり会社をやめて、残りの人生は趣味のゴルフや釣りでもしようかなと考えていたのです。

私が好きだったホンダらしさが社内からどんどんなくなってきていたように感じていたこともありますし、サラリーマン人生はもういいかなと思っていました。

ホンダは世の中を変えるような画期的な商品を出して初めて存在意義がある。そうじゃないなら、なくなってもいいと個人的には思っています。ホンダという会社は変わり者の技術者が世界一や世界初を目指してチャレンジし、ときには外しますが、当たるときには大当たりして成長してきました。ところが変わり者が活躍できる場所がどんどん少なくなってきていて、普通の会社になろうとしているように私には見えました。

普通の会社にしたい人たちは「世界一や世界初を目指すという無謀なチャレンジなんかしなくていい。そんなお金のかかる余計なことをするよりも、〝外す車〟をゼロにすれば、それだけ儲かるじゃないか」と言うのです。

この論理は一見すると正しいですが外すことを恐れた戦略をとると、当たることもゼロになってしまうと私は思います。そういうことをわからない人が会社の経営を采配するとダメになってしまうという危機感を持っていました。

でも定年が半年後に迫っていたので我慢しようと思っていたところに、現在（2023年2月時点）はホンダの社長で、当時は本田技術研究所の4輪車部門のトップを務めていた三部敏宏さんが「F1をやってくれませんか？」と声をかけてきました。

2017年6月下旬のことです。最初は「いやだよ」と断りました。そのとき三部さんは私の上司でしたが、V6エンジンの開発チームに所属していた時代の後輩です。私はベンチ屋でエンジンのテスト担当で、三部さんは実車屋でエンジンのエミッション（排ガス）を担当していました。1980年代から90年代にかけて、北米向けのアコードなどに搭載されるエンジンを一緒に開発していたので、率直な物言いができる間柄でした。

「もう俺は定年だし、引退後の予定も決まっている。もうリタイア後の生活のほうに気持ちがいっている」と話しました。実際、私は定年までの残りの半年で今の仕事をどうやって整理して、バトンタッチしようかと考えていたのです。

三部さんからF1の話をされたのは昼頃だったと思いますが、それからいろいろと考えました。頭に浮かんだのは軽自動車のN－BOXの開発を一緒にやっていた若いエンジニアのことでした。エンジンを担当していた彼がF1のプロジェクトに入ることになって、N－BOXの開発チームのメンバーが集まって送別会をやりました。そのときに私は彼にこう言ったんです。

「お前がF1に行っても勝てるわけがない。砂漠に水を撒くようなものだから早く量産に帰ってこい」


第4期のF1プロジェクトは2015年にマクラーレンと組んでスタートしましたが、ホンダのパワーユニットにトラブルが続き、完走することさえままならない状態が続いていました。社内で見ていて、勝てそうな匂いがしませんでした。そこまでしっかり分析してないので実情はわかりませんが、そういう空気というのは社内にいると感じるものです。それなのに優秀なエンジニアをいっぱい引っ張っていくので、「バカ野郎、量産をなめているのか」と内心で思っていました。だから若いエンジニアには早く帰ってこいと言ったのです。


ところが送別会をしてからしばらくすると、そのエンジニアからメールが届きました。

「今のF1の状況を考えると、量産には戻れません」

その返信の内容がちょっと頭によぎって、このまま負け続けていたら、こいつらは本当にダメになってしまう。なんとかしなくちゃならないという気持ちがふつふつと湧き上がってきました。

彼らが砂漠で撒いた水は、ただ砂の中に染み入るだけで花を咲かせることはない。そうすると、私の好きだったホンダにとってまずいことになるんじゃないのかと思いました。Ｆ１のプロジェクトに行こうと最終的に決断したのは、ホンダの未来のために何かを残そうという思いがどこかにあったからかもしれません。

このまま定年で会社をやめるのもいいけど、俺がＦ１に行くことで若いヤツらに何かを残せるかもしれない。最後のご奉公でやってみようかなと魔が差したのでしょう。

三部さんには声をかけられた日の夕方に「じゃあ、やるよ」と返事をしました。「なんで俺に？」と理由は聞きませんでした。社内にはほかに引き受け手が誰もいなかったのは明らかでしたから。これまで私が初代オデッセイや軽自動車のＮシリーズなど、誰も期待せず、引き受け手がいなかったプロジェクトを成功させたところを評価してくれたのでしょう。ホンダＦ１の危機を打破できるのは誰かと上層部が考えたときに、私の名前しか思い浮かばなかった。それだけ危機的な状況になっていたのだと思います。

私は２０１７年の９月１日付で、Ｆ１のパワーユニット開発を行う栃木県さくら市のＨＲＤ（ホンダ・レーシング・ディベロップメント）Ｓａｋｕｒａの執行役員としてＦ１の世界に再び戻ることになりました。

バッシングの嵐の中へ

Ｆ１をやると決めたら、２週間ぐらいでグローバルのスモールカー担当の仕事の引き継ぎを終わらせました。正式な就任は９月ですが、７月の中旬にはＨＲＤ Ｓａｋｕｒａに通い始めました。

ＨＲＤ Ｓａｋｕｒａは本田技術研究所に属しており、Ｆ１のパワーユニットを始め、国内最高峰のＳＵＰＥＲ ＧＴやスーパーフォーミュラなど、４輪モータースポーツの開発を担っている研究施設です。

その頃のホンダＦ１はどん底でした。マクラーレンと組んで３年目のシーズンを迎えていましたが、ホンダの開発したパワーユニットはライバルよりもパワーで劣るだけでなく、信頼性も欠き、レースでは完走することさえままならない状態が続いていました。当然、研究所に対するバッシングはひどかった。

「Ｆ１が不様《ぶざま》な格好をさらしているのは研究所の責任だ。たくさんの開発費を使っているのにブランド価値を落としているとは何事だ」と社内から袋叩きにされていました。

パートナーシップを組むマクラーレンからも非難されていました。ホンダはマクラーレンと２０１５年から５年間のパワーユニット供給契約を結んでいました。しかしマクラーレンは私がＳａｋｕｒａに合流した２０１７年の夏頃にはすでにホンダに見切りをつけていました。ホンダを切り捨て、新たなパワーユニットサプライヤーとしてルノーと組もうとしていたのです。

マクラーレンは早くホンダと別れてルノーと契約を結ばなければ、翌シーズンのマシン開発が間に合いません。残された時間はあまりないので、メディアを使ってホンダへのバッシングを繰り返し、ホンダ側からマクラーレンとのパートナーシップを解消すると言わせようと死に物狂いになっていました。

一方のホンダは、新しいパートナーを見つけなければならない状況でした。マクラーレンと別れる判断をしたとしても、ホンダと組むチームがなければ、このまま一度も勝てずに撤退するしか道はありません。そんなときにホンダと一緒にやりたいと言ってくれたのがレッドブルのセカンドチーム、スクーデリア・トロロッソ（現ビザ・キャッシュアップＲＢ）のフランツ・トスト前代表でした。

トストさんは２０２３年シーズン限りでチーム代表の座を降りましたが、ホンダの窮地を救ってくれた彼には今でも感謝の気持ちしかありません。しかし、ホンダがＦ１で勝つためには中堅チームのトロロッソではなく、トップチームのレッドブルとパートナーシップを組む必要がありました。

とはいえ、すでに何度もタイトル獲得の経験があるレッドブルは、すぐに当時のパートナーであるルノーとの契約を破棄してなんの実績もないホンダと組んでくれるほどお人好しではありません。トロロッソを1回間に嚙ませて、本当にホンダと組んで大丈夫かどうか様子を見ているに違いないと私は思いました。

私のミッションは、トロロッソとの最初の1年間でホンダのパワーユニットがルノーよりも優れているとレッドブルに対して証明することでした。最終的にはレッドブルにホンダをパートナーとして選んでもら

レッドブルの姉妹チーム、トロロッソに2018年シーズンから
パワーユニットを供給。右からふたり目が浅木氏（写真提供／Honda）

うことをゴールに見据えて、私のF1での仕事はスタートしました。

何をやめて、何をやるか

ホンダのパワーユニットがダメなのはわかっていましたが、どうダメなのか？　それを把握するために私は早速、各部署のメンバーと会いました。当時のF1プロジェクトは開発費を散々使っているのにもかかわらず、まったく結果を出せずに会社から責められていたので、飲み会を自粛していました。それでも私は構わず情報収集のために飲み会をしました。そこで実際に話を聞いてみると、みんなわりと元気でした。

開発チームの士気は下がって、精神的にかなり追い詰められているのかなと思っていたのですが、意外とそうではありませんでした。ただ、みんな淡々と目の前の仕事をこなしているのですが気になりました。どん底に叩き落とされて、各方面から袋叩きにされているので、そういうメンタリティにならざるを得なかったのかもしれません。

もうひとつ気になったのは、設計とテスト部門のコミュニケーションが悪いことでした。設計は上から「できることはなんでもやれ」と言われたことに従って、たくさんの図面を引いて部品をつくり、テスト部門に放り込んでいました。

でもテストの結果をろくに整理もせずに、また次の部品をつくるという状態になっていました。テスト部門は「次から次へと勝手に部品をつくりやがって」と不満を抱えていました。このままでは膨大な開発費や時間がかかるだけでなく、テスト結果をきちんと分析していないので開発の効率も上がらない。ですから、何をやめて、何をやるかを明確にしました。

「できることはなんでもやれ」というのはある意味、リーダーの責任回避です。すごく意地悪な言い方をすると、決断をしなくていいのでラクなんです。そう言っていれば、会社からも責められないところがあります。でも言われたほうはたまったものではありません。どこに向かうのかわからないのに全力で走り続けろと言われているようなものです。それが原因で内部崩壊しているように私は感じたので、仕事の優先順位をつけていきました。

まずは設計とテスト部門がバラバラなのを早急になんとかしなければなりません。そこで秋にはレイアウト検証会という会議体をつくって、出図する前にみんなの前でどういう部品を、どういう意図でつくるのかを私の前でプレゼンテーションしてもらうことにしました。その様子はテレビ会議でプロジェクトのメンバー全員が見られるようにします。後でこそこそと設計部門に文句を言ったりするのではなく、言いたいことがあるならテレビ会議の場で発言しろと、プレッシャーをかけると同時に、決定プロセスを全員で共有する場にしました。

もうひとつ急いで手を打たなければならなかったのは、パワーユニットのトラブルの大きな原因になっていた「MGU－H（熱エネルギー回生システム）」です。

F1マシンの動力源となるパワーユニットは、内燃機関（エンジン）とふたつのエネルギー回生装置（ERS）を組み合わせたハイブリッドシステムです。ERSのひとつは「MGU－K（運動エネルギー回生システム）」で、ブレーキのときに発生するエネルギーをモーターに取り込み、電気エネルギーに変換してバッテリーに送ります。

もうひとつがMGU－Hで、エンジンから出る排気の熱を電気エネルギーに変換するのですが、ここをちゃんと直さなければ実走テストもろくにできないので、車体をつくるトロロッソにも迷惑がかかります。MGU－Hはテストベンチでもよく壊れる状態だったので、特に急いで対応しなければならないと感じました。

開発陣のマインドを変える

2018年1月1日付で、私はHRD Sakuraのセンター長兼F1プロジェクト

LPLに就任。正式にF1パワーユニットの開発総責任者となりました。そこでスタッフたちを前に講演をすることになり、Sakuraに来て約半年間、様子を見ながら感じたことを率直に話しました。そして最後には「燃やせるものはすべて燃やし、絶対に勝つ」とハッパをかけました。

私はSakuraに来てから、設計とテスト部門のコミュニケーションがうまくいっていないことや、MGU－Hにトラブルが続いていたことが大きな問題点だと気がつき、さまざまな手を打ちました。でもホンダのパワーユニットのデータを見てみると、もうひとつ気になる点が出てきました。たしかにホンダのパワーユニットは信頼性が低かったのですが、「ライバルとここまで馬力差があるのはおかしい」とも感じていました。

F1では1レースで使用できる燃料は重量110キロ以下に定められ、燃料流量の上限も決められています。私は量産でさまざまなエンジンを開発してきました。その経験でいうと、燃焼効率を1～2%上げるのはものすごく大変なのですが、ライバルとホンダではパワーユニットの燃焼効率が約10%も違っていました。

「他社は何かやっている」と思い、いろいろと調べてみた結果、通常の燃料ではなくエンジンオイルを燃やして馬力を上げているに違いないと私は推察しました。フェラーリのパドックはモクモクと煙が立ち込めており、燃料以外の何かを燃やしているようでした。そんな疑念を抱いているうちにFIA（国際自動車連盟）がエンジンオイルの消費を規制するという技術通達書を全チームに出しました。

それまではオイルの消費量に関する厳格な規定はありませんでしたが、2017年には走行距離100キロあたりに使用できるオイルの量は1.2リットルに定められました。さらに、シーズン中盤のイタリアでは100キロあたり0.9リットルに規制されます。そして翌年には0.6リットルまで減らされます。証拠はありませんが、ほかのパワーユニットメーカーはそれだけの量のオイルを燃やしている――私はそう確信しました。

これは裏を返せば、FIAの規制の範囲内ならエンジンオイルが燃えてもルール違反にはならないということです。ところが当時のホンダのパワーユニット開発者は「うちはレギュレーションを厳守してエンジンオイルをほとんど消費していない」と話していました。そうじゃないだろう、と私は思いました。

ここが日本人とヨーロッパ人の考え方の違いです。いちおうレギュレーションではFIAが承認した燃料以外は使用してはいけないと定められていますし、使用できる燃料の成分も細かく規定されています。エンジンオイルも燃料の性質を向上させたり、燃焼を活性化させたりしてはならないと規定されています。

しかしエンジンオイルはエンジン内部の可動部分を潤滑し摩擦を減らしたりするために必要不可欠なものですから、消費がゼロというのは不可能です。エンジン内部で燃えてしまうのは仕方がないというのがヨーロッパ人の考え方です。「グレーは白」ということなのです。

一方、ホンダはレギュレーションに書かれていることを忠実に守って開発していました。「グレーは黒」という考え方なのです。私も日本人ですから、その気持ちはよくわかります。特にホンダの技術者の多くは量産エンジンの開発を経験しているので、グレーは黒という考え方が身に沁みついています。しかもホンダは訴訟大国のアメリカが主戦場ですので、企業存続のためにはグレーは黒という考え方で開発しないと、痛い目にあいます。

ヨーロッパ人の考え方がよく表れている象徴的な出来事が、2015年に発覚して大きな社会問題になったドイツのフォルクスワーゲンのディーゼル車の排ガス不正問題、いわゆるディーゼルゲート事件です。

フォルクスワーゲンは排ガス試験中だけエンジンから有害物質の排出を抑える、いわば不正なソフトウエアを搭載したディーゼル車を全世界で約1100万台販売し、アメリカを始め各国でリコールや巨額の賠償金を支払うことになりました。その総額は数兆円といわれていますが、ディーゼルゲート事件の背景にはヨーロッパ人的な考え方が間違いなくあると思います。彼らにとってグレーは白なのです。

ＦＩＡがレギュレーションでオイル消費量の規制を強化しているということは、逆にいうと規制された量までは燃えてしまうのは仕方がないということなのです。そういうことをちゃんと考えずに勝てないと泣き言を言っているＳａｋｕｒａの技術者たちはプロじゃありません。私は開発チームの部下にこう繰り返し話しました。

「国が定めた法律だったらグレーは黒で正解だけど、Ｆ１のレギュレーションは興行主が決めたものだ。あくまで興行を面白くする、あるいは独り勝ちを防いで公平に戦えるようにするルールにすぎない。レギュレーションに違反したからといって刑務所に入れられるわけではない。ヨーロッパの常識ではグレーは白。その中でわれわれはライバルとどう戦うのか考えなきゃダメだろう」

とはいえ、Ｆ1の世界でもグレーは最終的にはなくなっていきます。「黒とはっきりとルールブックに書いてなかったのが悪いよね」と主催者側も最初の半年や1年ぐらいはグレーの部分を認めてくれます。でも、だんだんと規制が強化されていきますから、グレーが未来永劫は続きません。実際、エンジンオイルの消費量は２０２０年には走行距離１０

0キロあたり0.3リットルにまで減らされています。

ほかにも2019年にはフェラーリがパワーユニットの燃料流量規制を不正に回避し、出力を向上させているのではないかという疑惑がありましたが、ライバルチームだけでなく、主催者の裏をかくずる賢さもないとF1は勝てないという側面があるのも事実です。でも量産車の開発を経験しているホンダの人間は、なかなか人の裏をかくことができないところがありました。

2018年シーズン、私は多少の荒業を用いてでもホンダのパワーユニットがルノーよりも馬力が出せることを証明し、翌シーズンのレッドブルとの契約にこぎつけようと思っていました。他社のようにオイルを燃やすのは制御が難しいので、私はまだ耐久テストを済ませていなかった粘度の低いシャバシャバのオイルを入れることにしました。それによって、エンジンのフリクション（摩擦）によるエネルギー損失を低減させて、少しでもパワーを上げようとしたのです。

結局、その粘度の低いオイルを使ったことで何かトラブルが出たわけではないのですが、私が「シャバシャバのオイルを使うぞ」と指示を出したら、部下たちはギョッと驚いた表情を浮かべていました。

「レッドブルを騙すんですか?」と言うわけです。私が「レッドブルと契約できなければなんの意味もないだろう。正式にレッドブルと契約したら元のオイルに戻す」と言ったら、浅木は何を考えているんだという顔をされました。そういう場面に何度か接して、「日本人は人を欺《あざむ》くのが苦手なのかな」と思ったりしました。

だから何をやったかといえば、ちょっとずるいのですが、ライバルチームが裏をかいてきそうなところを潰すという作戦に出ました。

レギュレーションで何か気になるグレーな点があれば、FIAに「こういうことをやっていいのですか?」と聞いてしまうのです。それで認められないとなったら、全チームに対して技術通達が出ます。そうやってあえて質問をすることで、レギュレーションの「穴」を塞《ふさ》ぐのです。でも時々「問題ないですよ」と返事が来ることがあります。ということは、どこかのチームがこの技術をやっているなということがわかります。つまり、ホンダがやっても問題ないということになります。

ヨーロッパのメーカーは、FIAに「これをやっていいのか」と尋ねると、自分の手の内をライバルに明かすことになりかねないので、普通、問い合わせなどしません。ホンダは量産車をやっているサラリーマン技術者がレースをやるという、ライバルとは違う変わった組織なので致し方ない部分はありますが、私が開発総責任者に就任した時点ではパワーユニットの技術的な問題だけでなく、レースに対する姿勢や工夫も足りなかったと思います。

「燃やせるものはすべて燃やし、絶対に勝つ」と私が話した講演を会場で聞いていた開発メンバーのひとりが「あの言葉で自分の中でスイッチが入りました。やっぱりリーダーがはっきり方向性を示してくれないと、部下はなかなか動けないものなんです」と言っていました。パワーは上がるけれどもグレーだからとあきらめていた技術も、工夫次第で白にできるかもしれないとなれば、技術者の開発に対する向き合い方も大きく変わってきます。開発陣のマインドを変えることも、私の大事な仕事のひとつでした。

開発は技術者同士の真剣勝負

パワーユニットの開発総責任者に就任した後、私はレッドブルと契約することを最優先に考えて、まずは馬力とラップタイムが上がる領域の開発に集中しました。それまでは「できることはなんでもやれ」と言っていたのを、「これはやる」「これはやらない」と優先順位をつけていきました。

そうすると、「これはいらない」と言われたものを担当している人間の中には「パワーユニットをよくするために一生懸命やっていたのに、それをやめろとは何事だ」と反発する者も当然出てきました。
設計とテスト屋の風通しをよくするために出図前のレイアウト検証会を立ち上げたときも、設計の側からすれば面倒くさいと思っていたはずです。今まで好き勝手にパーツをつくってきたのに、なんで浅木の許可をいちいち取らなければならないのか、という反発心があったでしょう。時には食ってかかってくる人間もいましたが、私の意志を明確に伝えるチャンスだと捉えて、みんなの前で「必要ない」とはっきり言いました。

リーダーとして組織を機能させるようになるまでには時間がかかります。私が入ったからといって、すぐにメンバー全員のベクトルが合って仕事がうまく回っていくことなんかあり得ません。そんな単純なものではありません。
リーダーがひとり変わっても、組織の中身は変わらないものです。変わらないものを無理やり変えようとしても崩壊するだけです。それでも私がやりたいことをできるチームにするために、最速で変化させるようにはしていきました。

私が開発チームに合流した当初、全スタッフの3分の1ぐらいは「いちおう上司だから言われたことに従います」という態度でした。あとの3分の1は「お手並み拝見」です。邪魔はしないけど、どれぐらいできるんだと値踏みしている。残りの3分の1は「なんだコイツは」と内心で思っているのです。昔、F1をやっていたかもしれないけど、よそ者がいきなり来て、そんなすぐにできてたまるかよという反発心を持っています。

最初はそういうものです。でも私が判断したものがうまくいって結果につながってくるとちょっとずつ変わってきます。私は結構、テストの成功率が高いのです。相手が私に楯突いてきたとしても、議論して、じゃあお互い部品をつくってテストをしてみようと持ちかけます。私のアイデアと部下のアイデアのどちらが技術的に勝っているのか。テストをすれば、どちらが正しいのか、自ずと結果が出ます。そこは上司も部下も関係ありません。技術者対技術者の真剣勝負です。

私の判断したことがテストで証明され、徐々に結果が出てくると、それまでフーンと遠巻きに見ていた人間も「あれ、浅木の言うことは間違っていないよな。わりと当たるんじゃないか」と変わってきます。

最後には反発していた人間たちもチームの輪に加わってきて、だんだんいいチームができあがってきます。でも「よそ者に何ができるんだ」と反発している人たちがチームで機能するようになるまでには普通は2、3年ぐらいかかります。

反発している人がこっちを向いたときには、実は一番頼りになります。だから組織を変えようとして急いで無理をしてしまうと、逆に一番大事な人を遠ざけてしまう可能性もあるので、彼らの気持ちを変える作業は多少時間をかけて慎重にやる必要があります。

反発する人間が戦力になる

私は意見が対立するのは嫌いではありません。文句を言ってくる部下のほうが後々、力になるケースが多いのです。反発心を持っているタイプは大体、自分のほうができると思っているのですが、そういう人間は私が結果を出し始めると、意外と素直についてきます。

彼らは普段「自分が正しいのに周りがバカだからわからない」と言っているような、技術に関しては自信のある連中ですから、「浅木のアイデアのほうがテストの結果は当たったじゃないか」となると、素直に受け入れます。

テストの結果を否定したら、自己否定するようなものです。私が言ったアイデアの結果がよければ、一目置かざるを得なくなってきます。そうやってだんだん信頼関係を築いていきます。

リーダーに反発してくるような人間は、これまで組織の中で疎外されてきたケースが多い。上司を上司と思わないところがあるので、それまで所属していた部署では提案した企画やアイデアが却下されて、なかなか活躍するチャンスを与えられなかったという経験をしています。私もかつてはそういう人間だったので彼らの気持ちがよくわかります。

だから彼らが面白そうなアイデアや企画を出してきたら、「やってみろ」と言ってチャンスを与えます。それで初めて図面が描けた人間もいました。さらにテスト結果が当たって、その人間の言うとおりだったりすると、本人のやる気も上がってきます。

そこまで行くと、もう頼りになる戦力です。私が本当に困っていることがあって、「こういう問題があるんだけど解決できないのでなんとかしてくれよ」と頼めば、一生懸命に仕事に取り組んで、解決策を見つけてくれるのです。F1のプロジェクトで危機的な状況になったときも、最初は頑《かたく》なで反抗的だった人間が力を貸してくれました。

N－BOXのときも同じでした。私自身があまり得意じゃないデザインの分野で困ったとき、助けてくれるのはそういう人間でした。普通に優秀なヤツの考えることぐらいは私でも考えています。それでうまくいかなくて苦しんでいるのですが、そういうときも最初は反抗していた人間たちが手を挙げて助けてくれました。

N－BOXを開発していたときには全員のベクトルが合って、うまくチームが回り出すまでには3年ぐらいかかりましたが、正直、F1でもそれぐらいの時間が欲しかった。F1では私がプロジェクトに合流して半年後にはトロロッソとのパートナーシップが始まり、その先にはレッドブルと契約しなければならなかったので、時間の猶予はありませんでした。普通だったらメンバーの意識が変わるのを待つところでも「いいからやれ！」と強権発動したことが多かったかもしれません。

そのために反発を招いたことが何度かありましたが、それでも実際にパワーユニットの馬力が上がったり壊れなくなったりすると、チームの雰囲気は変わり始めました。そこまで来るのに1年半ぐらいかかったと思います。

リーダーというのは檄《げき》を飛ばすだけでは誰もついてきません。同時に希望の光も見せなければなりませんが、前向きなことだけを言っても意味がありません。そこはバランスですが、そのさじ加減が非常に難しいところです。

私のアイデアが〝当たる〟理由

トロロッソと組んだ２０１８年シーズン、私のミッションはホンダのパワーユニットがルノーよりも優れていることをレッドブルに証明することでした。

先行するライバルに馬力で追いつこうと思ったら、相手も時間が経つと開発が進んで馬力が上がってきますから、自分たちは相手よりも急な角度で伸びていく必要があります。そうじゃなければ、いつまで経ってもライバルに追いつけません。相手より角度を上げていって初めてライバルに追いつくわけです。角度を上げるということは、テストの回数×テストの成功率です。角度を急にすれば、いずれ追いつきます。

あとは「下手な鉄砲も数撃ちゃ当たる」ではありませんが、確率が一緒だったらテスト回数を増やす。現在はレギュレーションでテストベンチの稼働時間が制限されていますが、当時はそこまで厳しい制限がかかっていなかったので、そっちの方向でもいろいろと手を打ちました。

私のアイデアが当たるようになったのは試験設備が整ったこともあります。ホンダが第4期活動をスタートしたときにパワーユニットの開発と同時並行でさまざまな試験設備をそろえ始めましたが、試験設備は大規模なものが多く、建設には時間がかかります。でも私がＳａｋｕｒａに合流する２０１７年の夏頃から、ようやく設備がそろい始めたことも大きいです。

自分の口からこんなことを言うのもおこがましいですが、私はテストの成功率が高いと自負しています。それはひと言でいうと「技術センスが高い」ということだと思います。たとえば部下がぱっと出してきたアイデアや提案に対して、「これは壊れそうだな」とか「これは将来性がある」という判断がよく当たります。うまく言語化できないのですか、経験に基づいた直観のようなものが働きます。実際、自分が間違っていたというケースは2割ぐらいありましたが、半分以上は正しいものでした。

でも間違っていても正しくても結果はどちらでもいいのです。私は〝ずるい〟ので、重要なテストのときなどは、失敗しても大ゴケしないように代わりのアイデアを常に用意しています。失敗が失敗に見えないようにしているので、たぶん周囲からは何事もなく進んでいるように見えているはずです。それに私の考えが間違っていて部下のほうが正しかったとしても、それでパワーユニットのパフォーマンスが上がればむしろ好都合です。結果がよければ、私は同じ技術者として部下の実力やセンスを認めます。

技術センスをどうやって身につけるのか。私のアイデアや予想が当たる理由のひとつは、当たるように絶えず狙っているからです。たとえば、温泉に浸かっているときでも、頭の中ではアイデアが常に回っているような状態です。たぶんそういう生活を10年、20年、30年と過ごしていると、会社での成功体験や失敗体験を通して統計的な感覚も含めて技術センスができあがってくるのではないか、というのが私の仮説です。

ただ、ずっと技術者をしていれば誰でも技術センスが身につくわけではありません。私にいわせれば分析力が大きなポイントだと思います。なぜ失敗したのか、なぜ成功したのか、というのがしっかり分析できれば次に同じミスはしません。

しかし繰り返しになりますが、成功のほうが危ないんです。成功体験に引っ張られて前と同じことをやろうとすると、世の中の状況が変わっていて失敗することがあります。成功体験のほうが本当はリスキーだという感覚を持ちながら物事を見ること。それを踏まえて経験を積んでいくと技術センスが上がっていく、〝当たりやすくなる〟と私は感じています。

オールホンダで危機を突破する

トラブルが続出していたパワーユニットのMGU－Hを直すために、私はホンダの航空機事業子会社「ホンダ エアクラフト カンパニー」が開発・製造を行う小型ビジネスジェット機「HondaJet（ホンダジェット）」の助けを借りることにしました。これまでずっとMGU－Hを開発していた人間の中にはいい顔をしない人もいましたが、F1プロジェクトに従事する数百人の技術者でやっていても限界があります。ホンダの研究所にはさまざまな分野の研究開発をする約2万人の技術者がいるので、彼らに手伝ってもらうことにしたのです。

ホンダのMGU－Hは、コンプレッサーとタービンを結ぶ長いシャフトの耐久性に致命的なトラブルを抱えていました。テストベンチでは壊れなかったのですが、サーキットに持っていってマシンに搭載するとトラブルが続出しました。縁石に乗ってマシンに振動や衝撃が出ると、ある回転域でシャフトが共振してパワーユニットにダメージを与えてしまうのです。

その後、ホンダジェットの技術者の知見を入れて、シャフトの形状を変更すると、共振が原因で壊れることはなくなりました。2018年シーズンの第2戦バーレーンGPに新しいMGU－Hが搭載され、トロロッソのピエール・ガスリー選手は4位に入賞。これ以降、MGU－Hのトラブルは解消され、私たちはようやくライバルとの競争のスタートラインにつくことができました。

次いで大きなブレイクスルーになったのは高速燃焼です。これを突き詰めていくことでライバルのメルセデスとのギャップの意味がようやくわかってきました。

私が最初にF1に関わった第2期の馬力競争では、燃料をどれだけ燃やせるかが重視されていました。ホンダが得意にしていた高回転高出力エンジンというのは高回転にすると爆発回数が増えるので、燃料の消費も増えて大きなパワーを出すことができるのです。

しかし現代のF1では1レースに使用できる燃料は重量110キロ以下と定められ、単位時間あたりの燃料流量も決められています。にもかかわらず、ライバルと比べて燃焼効率が大きく違う原因はどこにあるのか。最初はライバルのオイルが意図せず燃えていることが理由だと考えていましたが、FIAはオイルの不正燃焼の規制を徐々に強化していきました。それでもメルセデスとの馬力差が埋まらないのは、この高速燃焼が大きな理由だとわかりました。

高速燃焼はその名のとおり、速い燃焼を実現させることでパワーと燃費を向上させるという新たな燃焼方式です。でも信頼性と制御性を両立させるのが難しい技術でした。制御が非常に難しい〝暴れ馬〟のような燃焼です。しかしそれを乗りこなさない限りはメルセデスに勝てないと思い、心血を注ぎました。

高速燃焼自体はメルセデスを始めフェラーリなどの他メーカーもおそらく取り入れていると思いますが、ホンダはさまざまなトライをして、もがき苦しむ中でヨーロッパのメーカーとは違う手法を発見しました。どんな文献にも載っていない燃焼方法です。そこは自慢です。

２０１７年の夏ぐらいのことです。私の部下がテストをしていると非常に速い燃焼が起こりました。１分間ぐらいで消えてしまったのですが、私はこの現象がパワーユニットの馬力向上のキモになると感じました。時間はないけれどなんとかしなければと思い、担当者に「いいからやれ！」とハッパをかけ、テスト計画を立てていきました。

その後、１分間で消える高速燃焼を長く持たせることには成功しましたが、今度は燃焼が勝手に育って暴走し始めます。それを制御することが開発の重要なテーマになっていくのですが、その後も開発を続けて、なんとか２０１８年シーズンの第16戦ロシアＧＰから新燃焼方式のエンジンを投入することができたのです。

しかし燃焼の暴走を制御することや馬力が向上することで、エンジンの耐久性に不安が生じるので、私の決断には反対も多かった。でも私としては「壊れるなら今だろう。レッドブルと組んだ来年、壊れたらどうするんだ」という思いがあったので、ロシアＧＰ以降もフランツ・トストさんの快諾を得て新しいパワーユニットを次々と投入していきました。

高速燃焼でパワーが上がってくると、いろんなところに想定以上の負荷がかかり、パワーユニットが壊れました。一番苦しかったのはシリンダー内部のメッキがはがれてしまったことでしたが、ここではホンダの2輪車を生産する熊本製作所（熊本県菊池《きくち》郡大津町《おおづまち》）のメッキ加工技術、通称「熊製メッキ」が大きな助けになりました。

ほかにもエンジンのピストンが圧力に耐えきれずに壊れてしまったときは、先進技術研究所（埼玉県和光市）の金属積層（金属3Dプリンター）が役立ちました。当時、ピストンを新しくつくろうとすると、独自のノウハウを持っているヨーロッパの鍛造メーカーやピストンの専門メーカーに頼まなければいけませんでした。

しかしヨーロッパでは企業間の転職が盛んです。人が入れ替わると技術的なノウハウが流出する可能性もあり、最悪ホンダが何をやっているのかバレてしまいます。それを避けたかったので、いずれエンジンの心臓部であるピストンは自分たちでつくれるようになりたいと思っていました。それに将来、絶対に金属積層の時代が来ると直観的に思い、その設備を導入するよう数年前に指示を出していたのです。

金属積層を導入すれば、従来のピストン製造設備がなくてもピストンの部品をつくれるわけですから、大きなゲームチェンジャーになります。ただ、私が金属積層の設備を入れろと指示を出したときに、それが高速燃焼で使えるピストンをつくるのに役立つと予想していたわけではありません。

偶然当たったのですが、これも技術センスだと思います。この金属積層は、のちに新骨格のパワーユニットを製造するときにも大きく役立ちました。

人の気持ちを束ねるテクニック

ホンダジェット、熊本製作所、先進技術研究所などが組織の垣根を越えて協力してくれたこともあって、ホンダのパワーユニットは着実に進化していきました。ただし、F1の開発チームが一方的に助けてもらっていたわけではありません。そこはウィンウィンの関係です。

特にホンダジェットには、MGU-Hだけでなくターボチャージャーの開発でも協力してもらいました。航空機のエンジンをつくり直すのは10年に1度だといいます。長い期間をかけてシミュレーションをしていきます。しかしF1の場合は短期間で、3ヵ月に1度は新しいパーツをつくってテストを繰り返しますから、その都度、結果を見ることができます。つまり、F1に協力すると、ホンダジェットのシミュレーションも育つことになります。

航空機や宇宙の開発分野ではテストをする機会が短期間のスパンでないからこそ、シミユレーションの能力を育てなければならないのです。F1と組んで頻繁にテストをしていると、そのシミュレーションがどれぐらい当たっているのか、また外れているのか、自ずと弱点も見えてきます。そういうところは勉強になっているとホンダジェットの人間は話していました。モータースポーツがホンダジェット側にも貢献できているのです。

熊本製作所の熊製メッキも量産でそのまま使える目途がないと、なかなかテストができません。しかし彼らもF1のプロジェクトに参加することでテストを繰り返し、新たなメッキの技術を生み出すことができました。

定年前に熊本製作所の担当者にお礼を言いに行ったら、逆に「F1をやったことで技術者としてのモチベーションがすごく上がりました。F1で培ったメッキの技術を量産車や2輪のレースにも転用しようという話になっています」と感謝されました。

F1パワーユニットの開発責任者はずっとSakuraにいて自分の席に座り、部下に開発の指示を出していればいいというわけではありません。第4期のプロジェクトではホンダジェットや熊本製作所など、別の部署のリーダーたちとコミュニケーションを取りながら協力を仰ぐのも、大事な仕事のひとつでした。

おそらくホンダジェットにしても、最初は「なんでわれわれがF1に協力しなければならないんだ」と思っていた人がいたはずです。だから私はジェットの部署がある和光研究所に行って飲み会を催したり、いい結果が出れば「ありがとう会」をやったりして、結構気を遣っていました。

一方、メディアにも「ホンダジェットや熊製メッキがパワーユニットの性能向上に大きく役立ちました」と積極的に発表して、F1に関わっている他部署の技術者たちのモチベーションが上がるように気を配っていました。そうすると最初は「なんでF1をやらなくちゃならないんだ」と思っていた人たちの気持ちもだんだん変わってきます。

どの会社でも共通していえることだと思いますが、社内にはセクショナリズムがあります。実は、一番のライバルや敵は社外ではなく社内だったりします。ホンダ社内にも垣根があって、業務内容が近い部署同士はライバル関係になったりします。一方の評判がよくなれば相対的にもう一方の評判が悪くなりますから、セクションごとの仲が悪いのは普通のことだと思います。

でもホンダの場合は、F1という名のもとに部門の垣根が取り払われ、F1で勝つと社員全員が喜んでくれる。そういう珍しい会社なので、ホンダジェットも熊本製作所もF1を助けてくれるのです。とはいえ、その手柄をモータースポーツ部門のＳａｋｕｒａが全部持っていってしまったら、協力した側はおもしろくない。だから私はメディアに対して積極的にホンダジェットや熊本製作所の協力を発表し、感謝の気持ちも伝えました。

それに技術者は自分たちの能力をメディアなどで評価されることはあまりないのです。ホンダジェットを例に出せば、飛行機自体は注目されますが、ジェットのエンジンをつくっているエンジニアが評価されることはほとんどありません。でもF1は注目度が高いので、私がメディアに発表することで、F1のプロジェクトに協力してくれた技術者たちにもスポットライトが当たります。

人の気持ちを束ねるテクニックというと小賢《こざか》しく聞こえるかもしれませんが、リーダーが部下や協力してくれた方に対して、感謝の気持ちをきちんと伝えることは大事なことです。感謝の気持ちを直接伝えなければ、やっぱり皆ついてきません。感謝の言葉を伝える前と後では、仕事への取り組み方が変わってきます。

そこはリーダーに必要な資質だと思いますが、できる人間は案外少ないです。特に技術者出身のリーダーはそもそもそんなことが必要だと考えていない人のほうが多い。でもチームを率いて大きなプロジェクトを成功させるために、欠かせないことだと思います。

お金でビビるな

私は部下に対してはったりを利かすことはありませんし、レース結果にあまり一喜一憂していないと思います。F1は勝負の世界ですから、「勝った」「負けた」でいちいち喜んだり落ち込んだりしていたら、開発リーダーの仕事はやっていられません。

パワーユニットの開発リーダーになってから感情的になったことはほとんどありませんが、1回だけ激怒したことがありました。トラブルが続出していたMGU－Hを早急に直さなければならなかったので、2018年シーズンの開幕戦に合わせてホンダジェットが描いてくれた図面で製作を進めるよう部下に指示を出していました。ところが、それを勝手に止めて、古いタイプのものをつくっていたのです。

ずっとMGU－Hの開発を担当していた人間にしてみれば、プライドもあるだろうし、気持ちはわからなくもないんです。自分のアイデアが正しいことを証明したかったのだと思います。だから古いタイプをつくっていたことに対して、部下を叱責していません。私が激怒したのは、ホンダジェットが設計した新しいMGU－Hの製作をこっそり止めていたことに対してです。

結果、ホンダジェットの知見が入った新しいMGU－Hは開幕戦に間に合いませんでした。しかも古いタイプにはトラブルが出て、1台のマシンはリタイアしています。もしそのまま新しいMGU－Hの設計がストップしていたら、シーズンの開発スケジュールや戦略が全部狂う可能性がありました。だから怒りましたが、そのこと以外では、私はむしろ部下に対してはのびのびと仕事ができる雰囲気をつくることを心がけていました。

私がSakuraに行く前から、本社からは「勝てないのに開発費ばかり使って、挙句の果てにはブランドイメージを下げてどうする」と責められ、飲み会まで自粛しているぐらいですから、みんな萎縮しているのです。

だから私は「お金を気にして必要なものをつくらないのはあり得ない」という態度を貫き通しました。「必要なものまで削減してどうする、お金なんかでビビるんじゃない」という堂々とした姿を見せることも大事だと思っていました。

実際、私が「推進しろ」と指示を出したものを部下が予算を気にして作業を止めていたことがあったので、「いいからやれ、何をやっているんだ！」と指示を出したことは何度かありました。

またF1だけでなくN－BOXの開発のときもそうしていましたが、あらゆる部署に散歩と称して毎日顔を出していました。そうすると「犬も歩けば棒に当たる」じゃないですが、テストでトラブルが発生した現場に遭遇することがあります。別に粗探しをするために歩き回っているわけではないですが、開発現場のスタッフの表情や雰囲気からも、いろいろな情報は伝わってきます。

それに毎日現場に顔を出して声をかけていると、開発メンバーの口からポロッと本音が出たりするのです。最初は「このオヤジは何しに来たんだ」という感じで私のことを見ているのですが、そのうち慣れてきて、いろんなことを喋り出すのです。そういう何気ないひと言を大事にして、常にチーム全体の状況を把握することにも気を配っていました。

レッドブルとの契約を締結

私がF1プロジェクトに関わり始めてから約1年後の2018年6月、ホンダはレッドブル・レーシングと2019年シーズンから2年間、パワーユニットを供給することで合意したと発表しました。

レッドブルの創業者ディートリヒ・マテシッツさんとレッドブル・レーシングのアドバ

イザーを務めるヘルムート・マルコさんがホンダと組むことを決断してくれました。彼らは2018年シーズンが開幕した後、わずか2、3ヵ月という短い期間で、ホンダと契約するか否かの判断をしなければなりませんでした。シーズン前半戦のトロロッソ・ホンダの戦いを見て、ホンダを高く評価してくれたのです。

開幕して早々にホンダが新しいMGU-Hを投入するとトラブルは解消され、馬力もルノーと遜色ないところまで持っていくことができました。同じぐらいのパワーに追いつけばこれからの伸び率はホンダのほうが上だという自信はありました。ホンダのパワーユニットはこれからも進化していくという可能性をレッドブル首脳陣に感じ取ってもらえたのです。

もうひとつ大きかったのは、ホンダと実際に付き合ってみて、私たちを信頼できると感じてくれたことだと思います。レッドブル内部には当然「ホンダがマクラーレンに供給していたときみたいな悲惨な状況になったらどうなるんだ」という反対意見があったはずです。その気持ちを払拭《ふっしょく》するのが私の役割でした。

そのために数ヵ月間、いろいろな苦労はありましたが、パワーユニット開発を着実に進め、最終的にレッドブルの信頼を勝ち得ることができました。レッドブルの人間はこう言ってくれました。

「ホンダはわれわれに対して嘘を言わない。それまで組んでいたパワーユニットメーカーはいつも次のアップデートでこれだけパワーが上がると言っていたけど、その数字どおりにパワーが上がることはなかった。でもホンダは約束した分だけパワーが必ず上がっていたし、改善すると言ったところは改善してくれた」

Ｓａｋｕｒａに通い始めてから約1年、ホンダはレッドブルとパートナーを組むことが決まり、私は最初の難関をクリアしました。

第5章

F1復帰への「蜘蛛の糸作戦」

リーダーに不可欠な成功のためのストーリーづくり

急転直下のF1撤退発表

2019年シーズン、ホンダはレッドブルとアルファタウリの2チームにパワーユニットの供給を開始します。新たにパートナーを組んだレッドブルのマックス・フェルスタッペン選手は開幕戦のオーストラリアGPで3位表彰台を獲得、第9戦オーストリアGPでは優勝を果たし、ホンダにとっては第4期、初の勝利をもたらしてくれました。結局、フェルスタッペン選手はシーズンを通して3勝を挙げます。

翌2020年シーズンは開幕前のテストでメルセデスが信頼性に問題を抱えているように見えました。今度こそメルセデスに追いつけるチャンスだと思ったのですが、新型コロナウイルスの世界的な流行があり、開催スケジュールが大きく変更になりました。開幕戦が3月から7月に延期となり、ファクトリーは1ヵ月以上も閉鎖されて、テストや開発は大幅に制限されました。でも開幕戦の舞台となった7月のオーストリアGPに現れたメルセデスは、開幕前のテストで壊れたところをきっちりと直し、パワーも向上させてきたようでした。

それだけだったらよかったのですが、ＦＩＡ（国際自動車連盟）がコロナの休止期間に、われわれが開発したパワーユニットの制御システムを禁止したのです。当初の開幕戦が行われる予定だった3月のオーストラリアＧＰでは許可していたのですが、コロナの休み明けに開幕戦として新たに組まれた7月のオーストリアＧＰではダメだと言われてしまった。その結果、ホンダのパワーユニットは電気の回生エネルギー量が落ちてしまいました。

もし当初の予定どおり3月にシーズンが始まっていたら、メルセデスと互角の勝負ができたと思います。しかしパフォーマンスを上げてきたメルセデスが強さを発揮し、フェルスタッペン選手はイギリスで開催されたＦ１ 70周年記念ＧＰとアブダビＧＰで2勝、アルファタウリ・ホンダのピエール・ガスリー選手はイタリアＧＰで1勝を挙げますが、それ以上の成績には結びつきませんでした。

そんな状況のときにホンダがＦ１撤退の記者会見を行います。２０２０年10月2日、当時の八郷隆弘代表取締役社長が「ホンダは２０２１年シーズンをもってＦ１への参戦を終了する」と発表しました。私が八郷社長の決断を聞いたのは発表の10日前でした。

おそらく八郷社長は、私をＳａｋｕｒａに送り込んだときからどうやってＦ１をやめるかを模索していたのではないかと思います。当初、ホンダとレッドブルのパワーユニット供給契約は２０１９年～20年の2年間でしたが、２０１９年の11月に契約延長が発表されました。しかし延長された期間はわずか1年間、21年シーズン終了まででした。レッドブル・ホンダはようやく勝ち始めていましたが、メルセデスを倒して本気でタイトルを狙うためにはもっと時間が必要だと開発現場では感じていました。

八郷社長は、マクラーレンにバッシングされ1勝もできずにF１から撤退するのはいくらなんでも恥ずかしいけれど、何勝かしたらF１をやめようと考えていたのではないでしょうか。そのときが来た、ということです。八郷社長の退任（２０２１年4月）が決まり、「立つ鳥、跡を濁さず」ではないですが、金食い虫のF１を整理して退くのが自分の役割と考えていたのではないかと、私は勝手に推測しています。

「蜘蛛の糸作戦」発動

でも当時の私はそんなことを考えている余裕はありませんでした。現場の人間としては、このままチャンピオンになれずにF１を撤退するわけにはいきません。私には早急にやるべきことがふたつありました。２０２２年シーズンに投入予定だった新骨格パワーユニット（以下、新骨格）を1年前倒しすること、そしてそれをレッドブルに認めてもらうことです。

ホンダが全面的に改良した新骨格を導入したいといっても、レッドブルからそんなことはできないと言われてしまったら元も子もありません。レッドブルと交渉しつつ、新骨格の開発を八郷社長に認めてもらうために動きました。

私が撤退の一報を聞いた9月の下旬には、すでにレッドブルは翌年のマシンの設計をスタートさせています。新しいパワーユニットを投入することになれば、マシンの設計を変更しなければなりません。それでもレッドブルは新骨格の投入を受け入れ、なんとかすると言ってくれました。その後、私は八郷社長に「このままでは終われません」と直談判して新骨格を投入する許可を得て、開発予算を確保します。

そして私はすぐに開発チームを集めて、「開幕までの5ヵ月の間に新骨格をやるぞ」と説明しました。すると、そのうち何人かは「それは無茶です。スケジュール的に不可能です」と言ってきました。でも社長から撤退の正式発表があるまでは私も部下には何も言えないので、「このままではメルセデスに勝てないからやろう」とだけ話して、新骨格の検討を急がせました。

指示を受けた人間の中には「なんで今頃そんなことを言うのか」と怪訝な顔をしている者もいました。でも勘のいい人間は「これは何かあったな」と気がついています。当時の私の秘書はのちに「浅木さんの顔色が変わっていたので、何かあったのかなと感じていました」と話していました。そして、その10日後に八郷社長の撤退発表を聞いて、「浅木がそんな無茶な日程で新骨格の開発を言い出した理由はこれか」と、みんなが気がついたと思います。

F1撤退が発表された後の1週間は新骨格の開発を進めるための準備で慌ただしかったこともあり、ほとんど眠れませんでした。しかし私にはそれとは別にもうひとつやるべきことが残っていました。撤退した後の若い開発メンバーたちの行く末についてです。

私は若い技術者たちを集めて、「お前たちはホンダが撤退した後にどうしたいんだ?」と率直に聞きました。私は定年が延長になっていますが、それほど遠くないうちに会社をやめることになります。でも若い技術者たちがF1を続けたいのであれば、ホンダをやめてレッドブルに雇ってもらうしかありません。

もし多くの人間がレッドブルに行きたいと言うのであれば、ひとりひとりを切り売りしないで、10人でも20人でもまとめて雇ってもらえるようにレッドブルと交渉するつもりでいましたし、場合によっては、私も彼らと共にレッドブルに行くことも考えていました。

ところが若い技術者たちからの返事は「レッドブルには行きたくありません。ホンダで

Ｆ１を続けたいです」というものでした。なんて面倒くさいことを言うんだと正直思いましたが、私は彼らに対して責任を感じていました。

「私がＳａｋｕｒａに来なければ、この若い技術者たちはもっと早くＦ１から解放されて、違う部署でエキスパートになるための研究ができたのに……」

そんな思いがありました。脂の乗った時期の５年間というのは技術者の人生においては貴重な時間です。そこで将来リーダーになるような人のもとで経験を積めば、技術者として大きく成長できたはずなのです。

だから私は、若いヤツらがホンダでＦ１を続けたいと言うのであればそのために動いてみるか、私は途中でいなくなるかもしれないけれど、できるだけのことはやろうと決めました。私は芥川《あくたがわ》龍《りゅう》之《の》介《すけ》の小説に倣って、それを「蜘蛛《くも》の糸作戦」と名付け、ホンダのＦ１復帰を目指して水面下で動くことを決断しました。

奇跡の新骨格パワーユニット

私はまず「今は動くな」と若い技術者たちに指示を出しました。動くなと言われると、結構難しいのですが、動いてはいけない時期に動くと、そこでプロジェクトは本当に潰されてしまいます。若い技術者たちはなかなか理解してくれなかったのですが、そのあたりの感覚は長いサラリーマン生活で学習してきました。

「とにかく、じっとしておけ」と。八郷社長が退任して、時間が経てばだんだん社内の空気が変わってくるだろうと私は考えました。

もちろんただ待つだけでなく、ホンダがＦ１で勝つことが大事になると考えました。表面的には八郷社長の指示に従いながら、しっかりとレースで結果を出すことで、社内と世の中の雰囲気を徐々に変えていくという戦略を立てました。

蜘蛛の糸作戦の一環として最後のシーズンでは結果を出す必要がありましたが、Ｆ１でチャンピオンになって自分たちの実力を証明してＦ１を去りたいという技術者としての意地もありました。そのためにも新骨格パワーユニット「ＲＡ６２１Ｈ」を何がなんでも完成させなければなりません。

新骨格は従来のパワーユニットよりもパワーの向上はもちろん、軽量・小型化が図られています。そのため、ほとんどすべてが違うといってもいいぐらい、あらゆる部分に改良を加えています。わずか5ヵ月で新しいパワーユニットを開発するというのは、普通に考えたら不可能な命題ですが、開発担当のエンジニアはもちろん、試作や組み立て、部品を供給する社外のサプライヤーの方なども含め、プロジェクトに関わるすべての人たちが必死で頑張ってくれました。

細かい技術的な話になりますが、特に配線を担当する電装屋は難しかったと思います。新骨格のレイアウトが完成して、最後に部品と部品の隙間に配線を配置していきます。時間がない中でそういう細かい作業をやらなければならないので、電装屋は本当に苦しんでいました。私はほかの部署のメンバーに「電装屋を助けろ」とハッパをかけるなどして、奇跡的にパワーユニットを完成させることができました。

2021年シーズンの開幕戦バーレーンGPから「RA621H」を投入し、レッドブル・ホンダは前半戦、非常に好調な戦いを続

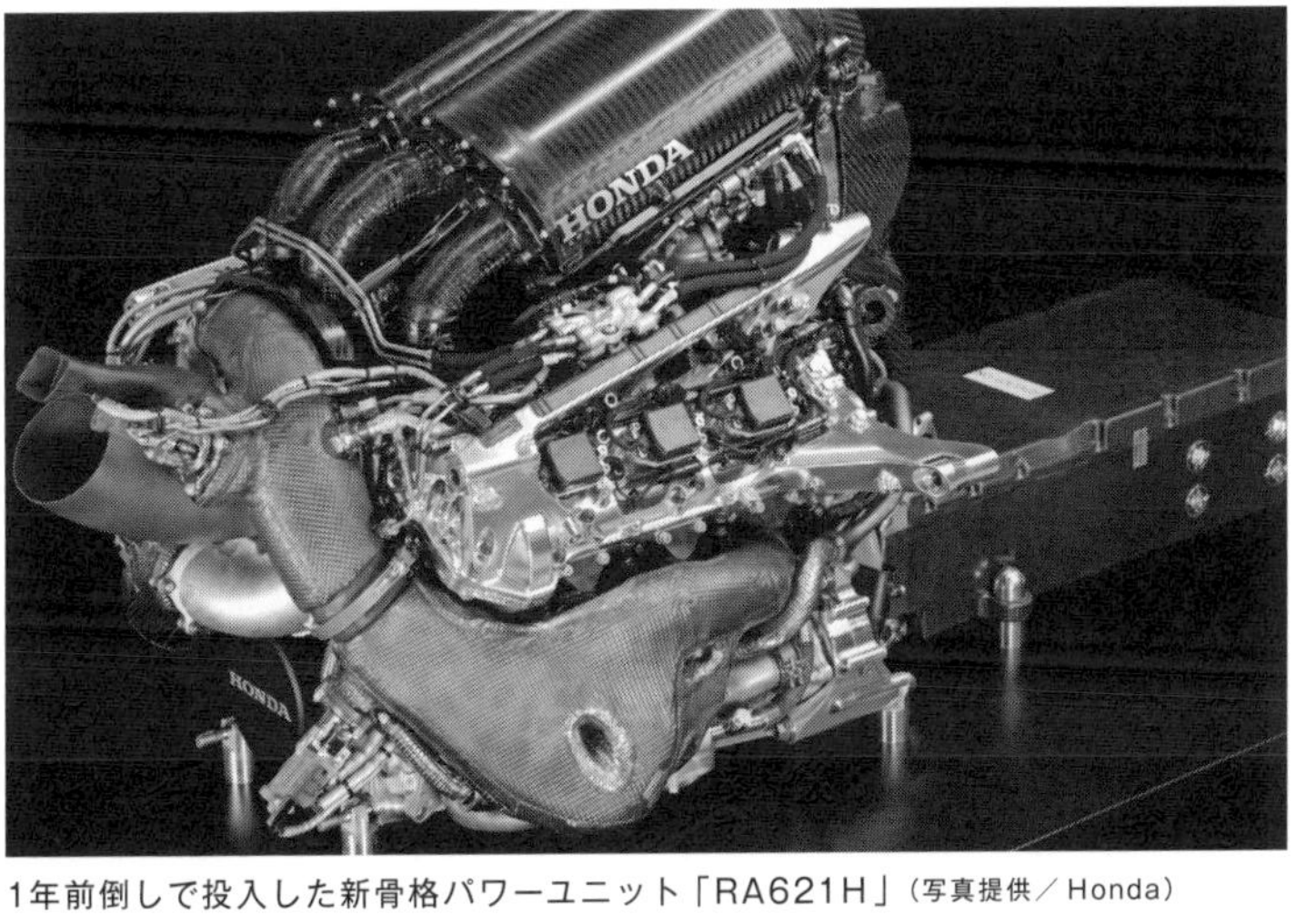

1年前倒しで投入した新骨格パワーユニット「RA621H」（写真提供／Honda）

けました。第9戦のオーストリアGP終了時点でレッドブルはフェルスタッペン選手が5勝、セルジオ・ペレス選手が1勝で合計6勝、メルセデスはルイス・ハミルトン選手が3勝という結果でした。ドライバーとコンストラクターの両選手権でもフェルスタッペン選手とレッドブル・ホンダがトップにつけていました。

秘密兵器「カーボンニュートラル燃料」

新骨格のほかに前半戦で力になったのは「カーボンニュートラル燃料」の存在です。高速燃焼に効果があって、馬力が向上しました。さらに排気ガスの温度を保つことができ、MGU－H（熱エネルギー回生システム）での回生エネルギーも減りませんでした。

カーボンニュートラル燃料は水素と大気中から取り込んだ二酸化炭素（CO_2）を合成してつくった燃料です。それをエンジンで燃やせばCO_2は排出されますが、トータルでは大気中のCO_2は増えません。大気中のCO_2は循環しているだけですから、カーボンニュートラルということになります。

私はかねてからカーボンニュートラル燃料のような革新的なことをやらないと、F1は存続していくのは難しいと感じていました。これから世の中は、温室効果ガスの排出量と吸収量を実質的にゼロにするカーボンニュートラル社会の実現に向けて動いていくのは間違いありません。特にＦ１は環境意識の高いヨーロッパ主体のレースなので、環境団体や環境意識の高い市民が反対するようなイベントはこの先なかなか成立しないのではないかと思っていました。

カーボンニュートラル燃料を導入しようと思ったのは２０２０年のロシアＧＰのときです。埼玉県和光市にある本田技術研究所の先進パワーユニット・エネルギー研究所の橋本公太郎から「カーボンニュートラル燃料として使える基材を見つけ出して、テストをしたらいい結果が出ました」という報告がありました。

橋本は博士号を持ち、学会でも一目置かれるような優秀な研究者です。「多少のコストはかかりますが……」と彼は言っていましたが、私は「すぐにやろう」と指示を出しました。ホンダで見つけたカーボンニュートラル燃料に必要な基材をレッドブルの燃料サプライヤーであるエクソンモービルでブレンドしてもらい、ＦＩＡが認めるＦ１用の燃料に成分を調整して、レッドブルに供給しました。

カーボンニュートラル燃料の導入はホンダのパワーユニットの競争力を上げるためでも

ありますが、実は蜘蛛の糸作戦の一環でもありました。私は「カーボンニュートラル燃料の開発は環境のために役に立ち、世界を救う技術だ」と、いろんなところで発表して回りました。それはホンダがF1を続けるための意義を社外と社内の両方にアピールするためでもあります。そうすることで徐々に雰囲気を変えようとしたのです。

もうひとつは、ホンダがもう一回F1に戻ってくることを決めたときの理由づけです。ホンダは2020年の10月に八郷社長が撤退発表したときに「カーボンニュートラルの実現に開発資源を集中するため」と説明していました。でもF1はその後、レギュレーション変更が決まり、2026年から100%カーボンニュートラル燃料が使用されることになりました。

ホンダがF1復帰を決断する際には「カーボンニュートラル社会の実現のために、むしろ新しいレギュレーションのF1に参戦することが有効になります」というストーリーを考える必要があります。そのためにもカーボンニュートラル燃料の技術を他社に先駆けて持っておきたいと私は思っていました。

カーボンニュートラル燃料は現状ではコストの問題があります。でも大きな将来性を感じたので、コストは高くてもゴーサインを出しました。しかし開発担当者がなかなか動きません。これは先に紹介したように、本社からF1プロジェクトは散々お金を使いまくって勝てないと責められ、コストを削減しろと言われ続けていたので、本当にそんなに費用をかけてもいいとは思っていなかったみたいです。

開発責任者の私が進めろと指示を出してもなかなか信用しないのです。最後には「バカヤロー、いいんだよ。すぐにやれ」と言って、カーボンニュートラル燃料の生産を進めました。

カーボンニュートラル燃料はたしかにコストは高いですが、ホンダのF1プロジェクト全体で使っている金額から見れば誤差みたいなものです。それに私の技術者としての読みなのですが、ホンダは航空分野の開発もしていますので、他社に先駆けてカーボンニュートラル燃料の技術やノウハウを蓄積しておけば、将来、ホンダの役に立つ可能性は高いと判断しました。

自社製バッテリーで勝機をつかむ

ホンダにとって最後のシーズンとなった2021年、レッドブル・ホンダは前半戦で強さを発揮していましたが、中盤のイギリスGPぐらいから流れが変わり始めました。王者メルセデスが逆襲してきたのです。彼らが何を改善してきたのかはわかりませんが、明らかに使える電気エネルギーの量が増えていました。

後半戦に入るとメルセデスは優勢に戦いを進め、レッドブル・ホンダとのポイント差を徐々に詰めてきました。攻勢を強めるメルセデス勢に対して大きな武器になったのは夏休み明けの第12戦ベルギーGPから投入したホンダ内製のバッテリーでした。このおかげでなんとかタイトル争いを最終戦まで持ち込み、フェルスタッペン選手が最終ラップで逆転してドライバーズチャンピオンを獲得することができました。

ホンダはもともと第4期活動を始めたときにパートナーを組んだマクラーレンが紹介してくれた海外のバッテリーサプライヤーにお世話になっていました。でも将来のことを考えると、バッテリーの技術を自分たちの手の内に入れておかないとまずいと思っていたので、内製化を進めました。

それに内製化しないと蜘蛛の糸がつながらないと思っていました。自分たちでバッテリーをつくることができないと、新しいパワーユニットのレギュレーションが導入される2026年から事実上、再参戦できません。新レギュレーションではカーボンニュートラル燃料の使用が義務づけられると同時に、バッテリーからの電気エネルギーの比率が現在の

20％から50％に引き上げられます。高性能のバッテリー開発とそのマネージメント技術が勝利への鍵になるのは間違いないので、その意味でも開発を急ぎました。

さらに、高出力のバッテリーを内製化すれば、ホンダが開発する電気自動車だけでなく、「空飛ぶクルマ」と呼ばれるｅＶＴＯＬ（電動垂直離着陸機）やロケットの開発にもつながります。

量産車の部門でもバッテリーの開発はできますが、Ｆ１とは開発スピードがまるで違います。「Ｆ１は、ホンダが目指すカーボンニュートラル社会を実現するための環境技術を磨くのに効率がいい」と経営陣を説得するためにも、バッテリーの内製化は外せませんでした。

Ｆ１で自社開発したバッテリーの技術は特許を取得しました。普通、レースではライバルに何をしているのかバレてしまうので、特許は取りません。それでもあえてそうした理由は、Ｆ１で培ったバッテリーの技術やノウハウをホンダの将来技術に結びつけたいという思惑があったからです。

新しいバッテリーの鍵になったのは、炭素原子が筒状につながったカーボンナノチューブという素材です。電極に電気を伝えやすいカーボンナノチューブを採用することで、電気抵抗だけでなく、発熱も減ります。発熱したら冷却が必要になるためエネルギーを無駄に捨てることになります。発熱しなければ使える電気の量は一気に増え、冷却の問題もなくなり、一石二鳥です。

電気自動車のバッテリーは、電気を長時間出力することが求められます。航続距離を延ばすには大容量のバッテリーが必要ですが、そのためには電気が熱エネルギーに変わらないほうがいいのです。

ｅＶＴＯＬやロケットは瞬間的に大量の電流を流して高出力を出さなければならないので、エネルギーのロスはもっと切実です。Ｆ１で培った技術で開発した新バッテリーは、ホンダが研究開発しているさまざまな分野で活かすことができるはずです。

カーボンニュートラル燃料にも同じことがいえます。ホンダが開発する航空機ホンダジェットにしても将来、燃料をどうするのかという問題は避けて通ることができません。ホンダは２０４０年には世界で売る新車をすべて電気自動車と燃料電池車にするという目標を掲げています。でも大陸間を移動するような航空機が全部バッテリーで空を飛べるようになるとは思えません。Ｆ１で使用しているカーボンニュートラル燃料の技術がホンダジェットの未来に必ず役立つだろうと私は考えています。

そういうことをさまざまなメディアで話しましたが、それもすべて蜘蛛の糸作戦です。

Ｆ１に復帰しやすいストーリーを考え、社内と世の中の雰囲気を変えていくという目的を達成するためです。そこは結構、うまくいったと思っています。

技術者にはヒーローになってほしい

私は周りの状況を俯瞰しながら、ストーリーを組むことが得意なんだと思います。蜘蛛の糸作戦を成功させるために、どういうストーリーだったらホンダがＦ１に復帰しやすくなるかというのは常に頭にありました。それに経営陣がＦ１復帰を考え始めたときには、彼らが役員や株主などを納得させるためのストーリーが必要になると思っていました。

Ｆ１や量産車の開発は、組織の垣根を越えて、いろんな人が関わっています。リーダーとして数多くのスタッフを束ねて動かしていくためには、このストーリーをつくる能力は必要不可欠だと思います。

私は第４期のＦ１プロジェクトでは、部下や協力してくれた人間のモチベーションを上げるために積極的にメディアに出ました。ストーリーをつくってメディアが伝えやすいような話題を提供し、技術者をヒーロー（主役）にしていきました。これは簡単なことではりませんでしたが、多くの技術者がメディアに取り上げられ、彼らの仕事に向き合う姿勢も大きく変わったと思います。

技術者がヒーローになることはなかなかありません。新車発表会のときに開発責任者のLPLが表に出ることはありますが、それ以外で技術者が取り上げられることはほとんどないのです。

カーボンニュートラル燃料を開発した本田技術研究所の橋本は能力的には大学で学者になれるような人間で、実際に彼は学会では知られた存在です。でも世に名前が出る機会は少ないので、F1のタイトル獲得に貢献したという取材を受けて喜んでいました。

先述のとおり、私がホンダに入社しようと思ったのは、技術者がヒーローになれそうな会社だと感じたからです。そういう思いでホンダに入社してきた私としては、技術者はみんなヒーローになってほしいという気持ちがありました。

注目度の高いF1だからこそ、技術者たちがヒーローになれたと思いますが、ホンダという企業は本田宗一郎さんが創業したときから技術者が主役となって会社を牽引し、成長してきました。そういう意味でも技術者が主役になれるF1は、今でもホンダにとってとても重要な挑戦だと私は思っています。

新骨格投入でコスト削減を実現

2021年12月、アブダビで開催された最終戦でレッドブル・ホンダのマックス・フェルスタッペン選手が最終ラップでメルセデスのルイス・ハミルトン選手を抜き、逆転でドライバーズチャンピオンに輝きました。「最後のシーズンで世界一になってホンダの技術者の能力を証明しよう」という決意で臨んでいたホンダの技術者たちの意地が結実した形になりました。

ホンダはF1撤退後、レッドブルとアルファタウリが2022年シーズンも引き続きホンダ製のパワーユニット技術を使用することを許諾し、新たな協力関係を結びました。その後、ホンダは2025年シーズンまでレッドブルが設立したパワーユニットの製造会社、レッドブル・パワートレインズに技術支援することになります。

2022年シーズン、パワーユニットの名称はレッドブル・パワートレインズでしたが、中身はホンダが開発したパワーユニットです。製造も供給もSakuraの人間がやっていたので、撤退しても撤退前とわれわれの仕事に大きな違いはありませんでした。

マシンのレギュレーションが大幅に変更された2022年シーズン、その前年、ホンダに30年ぶりのドライバーズチャンピオンをもたらしてくれたフェルスタッペン選手は圧倒的な強さを発揮します。当時の年間最多勝記録を塗り替える15勝を挙げて、2年連続のドライバーズチャンピオンを獲得、レッドブルはメルセデスやフェラーリなどのライバルを圧倒して9年ぶりのコンストラクターズチャンピオンに輝きました。

ホンダが開発したパワーユニットを搭載したレッドブルが勝ち始めたことで、社内では「これでF1をやめるのはもったいない」という機運が高まってきました。またホンダの主戦場である北米のF1人気が急上昇してきたことも追い風になりました。もうひとつ経営陣にとってF1復帰の後押しになったのは参戦コストを抑えられたことです。

ホンダのラストシーズンとなった2021年、私は新骨格の投入を当時の八郷社長に直談判しました。その際に「これぐらいのお金が必要になります」と開発予算を確保しましたが、実際には予算を大幅に下回る金額しか使いませんでした。

なぜなら新骨格は信頼性が高かったのです。時間がない中、急ピッチで完成させたので、ある程度壊れることは覚悟していましたが、基本設計とアルミ合金の総削り出しのシリンダーブロックの出来がよく、ほとんどトラブルに見舞われませんでした。

新骨格を投入したことで、結果的に私が最初にF1プロジェクトに加入したときに比べて開発費を相当抑えることができました。コストダウンのために無駄を省いていったのではなく、勝つために開発をしていたらコストダウンにつながったのです。

パフォーマンスを上げるためにはテストの回数×当たる確率と言いましたが、当たる確率が高くなり、開発が狙いどおりに進んでいくと、性能が上がってコストが下がってきました。捨てる部品が減りますし、信頼性が高くなると試作するエンジンの数も少なくて済みます。信頼性を向上させることは勝つために必要なことですが、コストダウンと勝つことは相反すると思いがちです。でも実はそうではないのです。結局、無駄なことをしていたら勝てないということです。

新骨格投入によるコストダウンがなければ、おそらく2026年の再参戦はなかったと思います。「これぐらいのお金でF1はできるんだ」と経営陣は驚いたはずです。八郷さんが撤退すると決断したときに比べて、成績を上げながら大幅なコスト削減につなげることができたのは大きかったと思います。

パワーユニットメーカーに年間のコストキャップ（予算制限）が導入されたことも影響しています。2026年以降のコストキャップは1億3000万ドル（約180億円）となりますが、ホンダがF1を長期的に続けるという意味ではありがたかったと思います。

「コストキャップがあるので、勝てないからといって予算をたくさん組むことはできません」と経営陣を説得できますし、実際にそろばんを弾いている人からすればひと安心。コストを抑えられ、計算外の出費はないというメリットがあります。

２０２２年シーズンに入り、経営陣の気持ちは徐々に変化し、Ｆ１復帰へと傾き始めます。そうすると、どのチームにパワーユニットを供給するのか決めなければなりませんが、ここで順調に進んできた蜘蛛の糸作戦に誤算が生じます。

ホンダの誤算

もしホンダがパワーユニットの新レギュレーションが導入される２０２６年から復帰するのであれば、これまでどおりにレッドブルと組みたいと思っていました。ホンダとレッドブルは本当にいい関係でやっていたからです。お互いを認め合い、レッドブルの人間は「ホンダが言うことだったら、それは勝つために必要なことなんだ」という認識を持ってくれました。それはホンダが２０２１年シーズン限りで撤退した後も変わりません。

その信頼関係がベースにあったので、２０２２年シーズンもレッドブルとフェルスタッペン選手がタイトルを獲得できたと思います。その年の日本ＧＰではフェルスタッペン選手が優勝し、レッドブルの計らいで私を鈴鹿サーキットの表彰台に立たせてくれました。日本を代表してといっては大げさかもしれませんが、ホンダのパワーユニット開発のリーダーとして技術者を代表する気持ちで表彰台に上がりました。Ｓａｋｕｒａの連中はみんな喜んでくれましたし、もっといえば鈴鹿に集まった日本のお客さんも喜んでくれました。どん底からやってきて、ついにここまで来たか、と感激しました。

ホンダとレッドブルはお互いをリスペクトしながら最高の仕事ができていたので、復帰するときはレッドブルと組むことをイメージしていました。そこで私は２０２２年の秋にレッドブルのパワーユニット製造会社レッドブル・パワートレインズを視察しました。

蜘蛛の糸作戦の最初の段階では、あまり早く動くと社内で潰されるので、じっとしておけとみんなに指示を出していました。その後、八郷さんが退任されて１年経ち、北米のＦ１人気が高まってきて、チャンピオンも獲得し、社内でもこのままやめるのはもったいないという機運が高まっていました。イギリスのレッドブル・パワートレインズに出かけたのはもう蜘蛛の糸作戦は潰されないと確信できたタイミングでした。

レッドブルはホンダが撤退した後、レッドブル・パワートレインズを設立し、２０２６

年以降の新しいレギュレーションでのパワーユニットを自社開発することを決断しました。そうはいってもパワーユニット開発はそんなに甘いものではありません。私はレッドブルが自分たちでパワーユニットをつくることをあきらめると思っていました。

それにホンダが復帰した際に再びパートナーを組むことを考えていたので、レースのサポートに関してこれまでどおりに協力していましたが、パワーユニットの設計や製作に関しては「レッドブルを助けるな」と私は指示を出していました。レッドブルが泣きついてきて助けてしまうと彼らは自立してしまいます。

ホンダの現場の人間は「なんで助けないんだ」と感じていたかもしれませんが、レッドブルが育たないようにするためなのです。今のシーズンを戦うために向こうから求められた情報は渡して、むげにはしない。でも2026年からの新パワーユニットの開発に関しては助けない。そういう付き合い方をしていましたが、レッドブル側もホンダのパワーユニットに関する情報を知りたくないという立場でした。

ホンダは撤退を発表したときに、レッドブルに対してホンダのパワーユニットに関する知的財産権の使用を許諾しましたが、彼らは最終的にホンダの知的財産は使用しないという判断を下しました。なぜなら、彼らはＦＩＡから新規参入のパワーユニット・マニュファクチャラー（製造者）として認められたいという思惑があったからです。

新規マニュファクチャラーとして26年から参戦できれば、開発予算やテスト時間の制限が緩和されるなどの優遇措置が受けられます。ですから、ホンダが一方的にレッドブルに対して冷たい態度を取っていたというわけではないのです。

しかし2022年の秋、私はレッドブル・パワートレインズを訪れて、あまりの施設の立派さに驚きました。まさかここまでのスピードで投資をして、たくさんの従業員を採用しているとは想像していませんでした。「こんな巨額の投資をしていたら、レッドブルの首脳陣は自分たちでパワーユニットをつくるという計画を破棄することはない」と確信しました。これまで一緒に仕事をしてきたレッドブルのスタッフやドライバーと離れるのは寂しいですが、彼らと組むという選択肢を捨てるしかないと私は判断しました。

フェルスタッペン選手のすごさ

第4期ワークス活動最終年となった2021年シーズン、ホンダに1991年のアイルトン・セナ選手以来となるドライバーズチャンピオンをもたらしてくれたのがフェルスタッペン選手です。

彼は「ホンダのエンジニアの仕事は素晴らしい」といつも言ってくれましたし、リスペクトしてくれていました。ホンダのエンジニアはドライバーの意見をしっかりくみ取って、パワーユニットのセッティングに反映させたり、改良を加えます。そういうホンダのエンジニアたちの姿勢が好きみたいです。

ホンダと組むまで、フェルスタッペン選手はワークス待遇というのを経験していません。自分たちのためだけにパワーユニットをつくってくれるようになり、その中でホンダのエンジニアたちの仕事に取り組む姿勢に感動してくれたのだと思います。

レッドブルがホンダとパートナーシップを組み始めた2019年、フェルスタッペン選手はスタートに苦しみ、ポジションを失ってしまったレースが何度かありました。そこでホンダはスタート時のローンチの研究開発を始めました。

普通、ドライバーがスタートに失敗すると、チームもパワーユニットメーカーもドライバーのせいにします。「ドライバーが何か操作ミスをしたんだろう」ということで片付けられてしまいます。しかしホンダがレッドブルの前に組んでいたマクラーレンはスタートの失敗が少なかったので、これはドライバーのせいだけじゃないと考えました。

それを証明するデータも取れました。なぜこんなに失敗するのかと思って調べてみると、フェルスタッペン選手以外のドライバーは発進のときに足首が動いていました。クラッチがつながりグーンと加速するときに足首が少しズレたりするのです。でもフェルスタッペン選手は微動だにしません。そういうところでも格の違いを感じさせましたが、そんなフェルスタッペン選手でもスタートで失敗する。これはドライバーだけの問題ではないと思いました。

原因を追求していくと、パワーユニットのハードと制御ソフトと、さらにレッドブルの車体を含めてトータルで改良していく必要がありました。そこでローンチの対策チームをつくって、問題を解決していくことにしました。非常に複雑で多くの領域にまたがる問題なので、対策チームを運営していくのは難しかったですが、レッドブルと改良を重ねました。その結果、フェルスタッペン選手は安定して速いスタートを決められるようになったのです。

日本人の特徴かもしれませんが、完成したパワーユニットを渡して「これで走っていればいいんだよ」と言って、仕事を終わりにするケースは少ないと思います。ドライバーやチームの言うことに対応して、一生懸命に改良していきます。そういう姿勢が、フェルスタッペン選手が「ホンダのエンジニアは素晴らしい」と言ってくれることの背景にあると思っています。

フェルスタッペン選手のすごさは速いことはもちろんですが、パワーユニットを壊さないところです。それには理由があります。彼は1基のパワーユニットで走行する距離が、ほかのドライバーよりも短いのです。

現在のF1は1年間で使用できるパワーユニットの数が3基（2023年シーズンはレース数が増えたために4基）と決められていますので、各チームはレース期間中なるべく無駄な周回をしないように心がけています。新しいパーツを投入してデータが必要なときやセッティングがうまくいかないときは多めに走行しますが、それ以外ではフリー走行でも予選でも最低限の周回で済ませるようにしています。

レッドブルはレース前にファクトリーで施した基本のセッティングを外すことがないのでフリー走行でもそれほど多くの周回をする必要がありません。またフェルスタッペン選手は予選でも一発のアタックで決める確率が高いので、周回数を抑えることができます。

F1の予選はQ1、Q2、Q3の3ラウンドのノックアウト方式ですが、フェルスタッペン選手は最初のQ1はたいてい1発のタイムアタックで突破します。また上位10台を決めるQ2も1回しかタイムアタックしないこともあります。無駄な周回がないので、結果として1基のパワーユニットあたりの走行距離が少なく、壊れる確率が低いのです。それもレッドブルとフェルスタッペン選手の強さの一因です。

飛べないアヒルと泥船

ホンダは2021年シーズン限りでF1を撤退し、2022年から25年シーズンの間はレッドブルが設立したパワーユニットの製造会社、レッドブル・パワートレインズに技術支援することになりました。そのタイミングでホンダは2輪レース活動を運営しているHRC（ホンダ・レーシング）に、これまでHRD Sakuraが担ってきた4輪レース活動機能を追加することを決定しました。私はHRCで新たに4輪開発部長を務めることになります。

それまでホンダのF1活動は本社から技術研究所のHRD Sakuraが委託を受けて行っていましたが、2022年シーズンからはHRCが独立してレース活動を担うことになったのです。研究所はレースを短期的な損得で見ることはありませんし、長期的な技術開発という名目でものを考えていくので、私はレースの開発体制を変える必要性をあまり感じていませんでした。

しかしF1プロジェクトのHRC化を受け入れなければ、開発予算はストップし、2026年以降のパワーユニットの検討はできなくなり、蜘蛛の糸は切れてしまいます。逆に受け入れれば、ＨＲＣはレース専門会社なので２０２６年シーズンからＦ１に参戦しようがしまいが、Ｆ１を含めたレースを検討することはできるので、人と施設が維持できます。私に選択肢はありませんでした。

ホンダがＦ１を撤退した２０２２年シーズン以降、ＨＲＣがＦ１活動を担うことになり、お金の流れは変わりました。でもパワーユニットの製造と供給は相変わらずＳａｋｕｒａがやっていたので、われわれ技術者の仕事内容はこれまでとほぼ変わりません。ただレギュレーションで２０２２年から25年までのパワーユニット開発が基本的に凍結されたこともあり、開発に従事していたエンジニアの多くは２０２２年の春に量産や航空宇宙などの各部署に散らばっていきました。

私の直属の部下の多くはｅＶＴＯＬを開発する部署に異動しました。その頃はまだ蜘蛛の糸作戦の行方がどうなるのかまったく見えていなかったので、私は彼らにこう言って、新しい部署に送り出しました。

「お前らは飛べないアヒルだ。Ｓａｋｕｒａに留まる俺たちはＦ１撤退で、これから沈んでいく泥船だ。飛べないアヒルと泥船とどっちが浮き上がるか勝負だ。俺は泥船を沈ませないようにするから、お前らはちゃんとｅＶＴＯＬを飛ばせ」

その後、F1という泥船はなんとか沈まずに、2026年からの復帰の道筋をつけることができましたが、私はeVTOLや宇宙、ロボットなどの新領域で活躍している彼らにも期待しています。特にeVTOLはF1で培ったバッテリー技術やカーボンニュートラル燃料を活かすことができます。でも本当に飛ぶかどうかは、繰り返し言っていますが、変わり者がいないとダメだと思います。

大企業がベンチャーのようなプロジェクトを成功させるのはことのほか難しいのです。今では大きく注目されているホンダジェットですが、過去には何度もプロジェクト解散の危機がありました。それをなんとか乗り越えて今があります。そういう難しいプロジェクトでは、変わり者が現れてどうやって上の人間を騙すのかが鍵となります。

そのときの経営陣の考え方と自分たちの実力を見ながら、うまくストーリーをつくるしかないのですが、そういうことができるリーダーがいないと飛べないアヒルのままで終わると思います。金勘定だけでプロジェクトを進めると間違いなくポシャります。

技術者には技術力とストーリーをつくる能力、そして〝騙す〟という言葉は悪いですが、経営陣が納得するようなストーリーを用意して予算を引き出してチャレンジしていくことが求められます。最終的に騙したことにならないような結果を出せばいいのです。私もそうやって生き残ってきました。

それが彼らにできるかどうかはわかりませんが、eVTOLの開発メンバーはF1から異動した人間が主体になります。彼らはあの短期間で新骨格のパワーユニットを奇跡的につくり上げ、世界一になった経験をしています。変な自信はついているので、ホンダの将来の種のひとつには間違いなくなっているはずです。

異動先の人たちは「F1を経験してきた人間は鍛えられ方が違う」と言ってくれているので、私は期待しています。

蜘蛛の糸を登り切る

私は2023年の4月末でホンダを定年退職しました。その約1ヵ月後の5月24日、三部敏宏社長がホンダは2026年シーズンよりF1に正式復帰することを発表しました。2026年から施行される新しいレギュレーションに基づいてホンダのパワーユニットをイギリスのアストンマーティンにワークス供給することになりました。

正式発表は5月ですが、私が会社に残っている4月中にはアストンマーティンと契約してくれました。三部社長を始めとする経営陣は「浅木がいるうちに」と急いでくれたのだと思います。心から感謝しています。十中八九切れると思っていた蜘蛛の糸を登り切ったことで、私は安心して定年を迎えることができました。

社長の三部さんは私をF1に引き戻した張本人です。2021年シーズンの最終戦でフェルスタッペン選手が逆転でドライバーズチャンピオンを獲得したときはSakuraのミッションルームにいました。

現地のサーキットから送られてくるさまざまな情報をリアルタイムでモニターできるミッションルームは、レースのときにホンダのエンジニアたちが集まる部屋です。そこで三部さんはチャンピオン獲得の瞬間を多くの技術者と共に喜びました。このままやめるのはもったいない、と心のどこかで思ったはずです。

しかし、前社長が決めた方針をすぐに転換するわけにはいかないので、最初の1年間ぐらいはじっと動きませんでした。そのうちにホンダのパワーユニットを搭載したレッドブルがライバルを圧倒して勝利を重ねていき、2022年シーズンにはドライバーとコンストラクターのダブルタイトルを獲得します。

さらに2026年からのF1はレギュレーションが変更され、100%カーボンニュートラル燃料の使用が義務づけられるとともに電動モーターの出力比率を従来の20%から50%に引き上げることが決まりました。カーボンニュートラルを意識した新レギュレーションが導入されるタイミングで、フォード、アウディ、ゼネラルモーターズ（GM）などの新たな自動車メーカーが続々とF1への参戦を表明します。

決定打になったのはホンダが主戦場としている北米でのF1人気です。そのアメリカで年に3回もイベントが開催されるほどF1人気が急上昇し、その中でライバルを圧倒するほどの成績を残しているのにやめるのはもったいないという空気ができました。そういう空気を最終的につくったのは、やっぱり結果です。パワーユニット開発チームの全員が頑張ってくれたおかげです。

蜘蛛の糸がつながったことで、ホンダでF1を続けたいと言っていた後輩たちはみんな感謝してくれましたが、新レギュレーションのもとでアストンマーティンと共に頂点に立つのは簡単ではなく、また茨《いばら》の道が待っていると思います。ホンダがF1に復帰してよかったという評価になるかどうかは今の技術者次第ですが、少なくとも変わり者を後世につなげる蜘蛛の糸になったのかなと思っています。

私が後輩たちに望むことは勝利しかありませんが、個人的な思いをいうならば、ホンダがレッドブルと組んでいるときはレッドブルに勝たせてもらったという感覚があります。アストンマーティンがチャンピオンになれば、ホンダが勝たせたという形になります。

もちろん勝てなくなって再びどん底まで落ちる可能性もありますが、それはそれで面白いですし、新たなチャレンジです。それにアストンマーティンと共にいちからスタートしてチャンピオンになれば、ホンダは本当の意味で世界一になったという自信を持てると私は理解しています。

第6章

F1の未来とホンダの新たな挑戦

アストンマーティン・ホンダは勝てるのか

パワーユニットメーカーにも分配金を

ホンダのパワーユニットを搭載するレッドブルは２０２３年シーズン、22戦中21勝を挙げ、ランキング2位のメルセデスに大差をつけ、２年連続でコンストラクターズチャンピオンを獲得。マックス・フェルスタッペン選手は前年に自らが打ち立てた年間最多勝記録（15勝）を更新する19勝を挙げ、３年連続のドライバーズチャンピオンに輝きました。

２０２３年シーズンのレッドブルの勝率は95・５％となり、１９８８年にアイルトン・セナ選手とアラン・プロスト選手がドライブするマクラーレン・ホンダが記録した16戦15勝の勝率93・８％を上回り、歴代最高勝率を更新しました。

レッドブルとホンダはＦ１の歴史に残る偉業を達成しました。車体（シャシー）をつくるコンストラクターのレッドブルをはじめ各チームには、ランキングに応じてＦ１の運営会社から分配金が支払われます。分配金はＦ１全体の商業収入の約半分が充てられ、チームへの支払い総額は10億ドル（約１５００億円）を超えるといわれています。一方で、パワーユニットを開発・供給する自動車メーカーにはそうした分配金のシステムは設けられていません。

これまでF1に参戦する各自動車メーカーは広告宣伝費などの形で予算を確保し、自腹でパワーユニットを開発・供給してきました。パワーユニットはあくまでもマシンのパーツの一部という捉え方をされているのです。しかし今後も、こういうストーリーを継続するのは難しいと思います。

F1は2030年に二酸化炭素の排出量を事実上ゼロにする、カーボンニュートラル化を目指すと発表しています。この計画を実現するためには、技術力の高い大手の自動車メーカーと組む必要があると私は思っています。コンストラクターが持っている車体の技術だけでは実現は不可能です。

パワーユニットを製造する自動車メーカ

2023年9月に開催された日本GPでフェルスタッペン選手（右端）が優勝し、ホンダのパワーユニットを搭載するレッドブルが2年連続のコンストラクターズタイトルを決めた（写真／熱田 護）

ーが確立した技術に頼らなければＦＩＡ（国際自動車連盟）やＦ１の運営団体はＦ１のカーボンニュートラル化を実現できずに環境保護の流れから取り残されてしまい、Ｆ１に未来はないと思います。

車体をつくるチーム側だけでなく、パワーユニット側にも分配金を回す仕組みを構築するよう、ホンダはＦＩＡやＦ１の運営団体に働きかけるべきです。同時に最先端の環境技術が搭載されているパワーユニットをつくることの大変さをもっと理解してもらうように訴える必要があります。それは技術的なことだけでなく、メーカーとして開発予算を確保することも含めてです。

最近、レッドブルのクリスチャン・ホーナー代表は「パワーユニットメーカーは儲からない」と言い始めました。彼らは２０２６年から自社製のパワーユニットを使用するので、現在は開発の真っ最中です。レッドブル側は以前「自分たちは安くつくってみせる」と豪語していましたが、競争力のあるパワーユニットを開発・製造しようとしたら、膨大な施設と人材、予算が必要となってきます。最初から安く仕上げることなどできるはずがありません。

その現実に今、レッドブルが直面していると思うので、彼らがホンダよりも先に「パワーユニットメーカーにも分配金を」と言い出すかもしれません。

F1の技術が地球を救う

今の分配金は車体が100でパワーユニットが0ですが、その配分をどのように変えればいいのでしょうか。自分たちでチームを所有して参戦するワークス勢のフェラーリ、メルセデス、ルノー（アルピーヌ）はF1の中で大きな政治力を持っています。彼らは現在受け取っているのとほぼ同じ金額でなければ納得しないと思います。

カスタマーチームは若干減るかもしれませんが、FIAやF1の運営団体が分配金の額を増やしてくれれば、ワークス、カスタマー、パワーユニットサプライヤーのすべてが損をしないような配分ができるかもしれません。

たとえば2026年からタッグを組むアストンマーティンとホンダだったら、チームに分配されるお金の何割かをホンダが受け取れるようにすれば、自動車メーカーの負担は減り、安心して将来の環境技術の開発や検討ができます。そういうシステムを構築できなければF1が世の中から支持されず存続していけない、というストーリーをF1全体でつくっていく責任があると思います。

F1を始めとするモータースポーツはすでに危機的な状況に置かれています。環境保護の流れから取り残されたモータースポーツは生き残っていけません。そういう文脈でいえば、ホンダが開発しているカーボンニュートラル燃料はとても重要だと思います。

ホンダは2021年シーズンからカーボンニュートラル燃料を実戦投入し、フェルスタッペン選手はドライバーズチャンピオンを獲得しています。一番かどうかはわかりませんが、この分野の研究開発で先頭グループを走っているのは間違いありません。ホンダは将来のことを考えてカーボンニュートラル燃料の研究をしているとFIAに報告したことがありますが、FIAの関係者はみんな驚いていました。

F1はヨーロッパのスポーツです。正直いって、ホンダはF1という世界の中で大きな政治力はもっていません。でも最先端の技術力でこれからもF1を始めとするモータースポーツの世界に貢献できます。特にカーボンニュートラルの分野では、ホンダがいるからF1が存続できたというぐらいの技術的な影響力を残していくことが重要です。カーボンニュートラルとF1をつなぐためにホンダが欠かせない存在になる――。それが、ホンダがF1を続ける意義にもなると思います。

F1で開発した環境技術が地球を救うんだ、というストーリーです。F1が地球を救うというメッセージをどうつくって、人々にアピールしていくか。それがうまくできれば世論のバックアップを得ることができます。さらに分配金の問題も解決できれば、株主や経営陣などからF1をやめようという声も上がらないと思います。

これからホンダのモータースポーツ活動を担うHRC（ホンダ・レーシング）はFIAや世論を味方につけながら、いかにF1参戦の意義をアピールしていくのか、という能力が問われていると思います。HRCやホンダには頑張ってほしいですが、FIAやF1の運営団体も意識を変えてもらわないといけません。繰り返しになりますが、カーボンニュートラルを実現するためのパワーユニット開発には膨大なお金と時間がかかるのです。

率直に言わせてもらえれば「いつまでも技術をタダでもらえると思っているんじゃないよ」ということです。アウディやゼネラルモーターズ（GM）、フォードなどの自動車メーカーが2026年から新たにF1に参戦することを表明していますが、この分配金の問題を解決しない限り、パワーユニットを開発・製造する自動車メーカーが長期的に継続して参戦するのは難しいと思います。

新ルールではバッテリー性能がキモ

F1では2026年からパワーユニットの新レギュレーションが導入され、100%カーボンニュートラル燃料にすることが義務づけられます。またＭＧＵ－Ｈ（熱エネルギー回生システム）は廃止され、代わりに電動モーターの出力の割合が現在の20％から50％に引き上げられることになりました。

新レギュレーションでは、電気をどう確保するのかが開発のポイントになっていくと思います。私の後を引き継いで、ホンダのパワーユニット開発総責任者になった角田哲史《かくだてつし》ＬＰＬは「新しいパワーユニットではエンジンをずっと全開で回して発電もしながら駆動力としても使う」と話しています。

そうすると電気の出し入れが競争力の中心になってきます。ホンダはバッテリーには自信を持っています。一番危機感を持っているのは２０２６年からフォードと組むレッドブルかもしれません。フォードは量産車に搭載するバッテリーの研究開発はしていますが、Ｆ１で使える技術を持っているとは思えません。

その点、ホンダはｅＶＴＯＬなどの航空機事業や小型ロケットを開発して宇宙事業でもバッテリーを使おうと考えています。そうなると、軽量で高出力のバッテリーが必要になり、前章でも紹介したホンダが特許を取得したバッテリーが強さを発揮すると思います。

２０２６年から適用されるＦ１の新しいレギュレーションでは電動パワーが拡大されて

モーターも重要になってきますが、モーターに関しては性能というよりも、どのように搭載するのかが鍵になってくると思っています。新しいレギュレーションではモーターはエンジンに搭載するのではなくて、シャシーに取り付けることになります。

そうするとモーターの駆動反力を車体が受けてひずみが生まれます。車体のねじれや共振が発生しますから、耐久性の確保は技術的に難しい課題だと思います。エンジン屋と車体屋が一緒になって考えて、問題を解決していかなければなりません。

そこだけに限らず、エンジン屋と車体屋が一緒になって解決しなければならない課題はたくさん出てくると思います。だから私は、アストンマーティンとホンダで早くチームをつくって、問題点をどう解決していくのかという話に入れと退職前に後輩たちに口酸っぱく言ってきました。

アストンマーティンがワークス待遇になるのは初めてです。ワークスがどういう動き方をして、どこまでやってくれるのかを知らないので、ホンダからきちんと何をするのかを提案して、場合によってはアストンマーティンが開発する車体部品についてもホンダがテストに協力する必要があると思います。

たとえばアストンマーティンは現在、メルセデスからパワーユニットだけでなくギヤボックスの供給も受けています。ホンダと組む2026年シーズン以降は自分たちでギヤボックスをつくらなければなりません。

そこもアストンマーティン・ホンダが勝てるかどうかの相当なキーポイントになると思いますので、ホンダがギヤボックスをつくるのに協力するだけでなく、テストの仕方を含めて支援する必要があるかもしれません。

私が後輩たちにしつこく言ってきたのも、そうした開発体制を急ピッチで構築しておくことが後々に必ずいい結果を生むと感じていたからです。

アストンマーティン・ホンダのマシンが走るまであと2年間の猶予がありますが、「1年ぐらいのマージンを持って開発していかないと間に合わないぞ」と当時の部下たちには話をしていました。そこは角田ＬＰＬが開発チームを率いてきちんとやってくれていると思います。

パワーユニットサプライヤーのホンダから「ギヤボックスのテストを一緒にやろう」と提案されたら、アストンマーティンの技術者たちはびっくりするでしょうが、逆に「そこまでやってくれるんだ」と喜ばれるのではないかと思います。いずれにせよアストンマーティンにも強くなってもらわないとホンダは勝てないですから、いい協力体制を早く築き上げてほしいです。

王者レッドブルの危機

ホンダは今、新レギュレーションに対応したパワーユニットの開発に全力で取り組んでいると思いますが、パートナーを組むアストンマーティンもチーム体制の強化を着々と図っています。イギリスで新しいファクトリーを建設して、最新鋭の風洞設備を導入し、トップチームから有能なスタッフをたくさん採用しています。

私はアストンマーティンのオーナー、ローレンス・ストロールさんの話を聞く前までは、息子のランス・ストロール選手をF1で走らせるために道楽でチームをやっているのかなと思っていた部分が正直ありました。

でも実際に話を聞いてみると、ストロールさんはF1で勝つために真剣にチーム運営をしています。ストロールさんからはレッドブルの創設者ディートリヒ・マテシッツさんと同じような勝利への執念を感じました。

逆にレッドブル・グループはマテシッツさんが2022年に亡くなった後、チームの運営体制の変更を余儀なくされています。また一部メディアではクリスチャン・ホーナー代表とモータースポーツアドバイザーのヘルムート・マルコさんとの確執が報道されていました。その後、最高技術責任者のエイドリアン・ニューウェイのチーム離脱が発表。マテシッツさんが亡くなって1年が過ぎ、レッドブルというチームは少し変わってきたのかなという印象を持っています。もしチーム内に火種があるのであれば、思うような成績を出せなくなったときに危機が表面化してくると思います。

ホンダを始めとする自動車メーカーでも同じことがいえますが、勝てなくなってくると、利益を生み出さないモータースポーツ活動に対して株主や投資家、経済アナリストなどが口を挟んできます。そうすると絶対になんらかの揉め事が起こります。

でも本田宗一郎さんやマテシッツさん、ストロールさんのような絶対的な権力を持つリーダーがいたら危機は危機にならないのです。リーダーのモータースポーツやF1への強い意志、情熱を感じ取って、周囲も一丸となって取り組みます。

マテシッツさんという強力なリーダーを失ったレッドブルは、今は勝ち続けているのでチームは何事もなく回っているように見えますが、危うい状況にあるのかもしれません。

パワーユニットをつくる難しさ

レッドブルはホンダが撤退を表明した後にF1用のパワーユニット製造会社であるレッ

ドブル・パワートレインズを設立し、2026年から自社製のパワーユニットで戦うことになりました。

私はエンジン屋としてレッドブル・パワートレインズがいきなり高い競争力を持ったパワーユニットをつくることは難しいと思っています。パワーユニットを開発・生産するということは、部品や原材料のサプライチェーン（供給網）までも構築しなければならないからです。

レッドブルは他のパワーユニットメーカーから技術者をヘッドハンティングしていますが、いちエンジニアが以前所属していた会社がどのサプライヤーとどういう契約をしているのかというところまで知る由《よし》もありません。ヨーロッパは人材の流動性が高い社会なので、いちから育てた社員がライバル会社に移籍することもザラにあります。ですから、会社の根幹となる技術やプロジェクトの全体像をわかるように社員を育てません。

おそらくレッドブルの自社製パワーユニットの部品をつくるメーカーの多くは、ホンダと付き合いのあったメーカーだと思います。ホンダは2021年シーズン限りで撤退する際にいくつかの部品メーカーをレッドブルに紹介しています。それらのメーカーは質の高い部品をつくれると思いますが、サプライチェーンの構築はそんなに簡単なものではありません。

先ほども申し上げたように２０２６年からの新レギュレーションではバッテリー技術が重要ですが、急にＦ１で使える高性能のバッテリーをつくってくれとメーカーにお願いしても、なかなか難しいと思います。レッドブルは２０２６年からフォードと組み、電気やバッテリーの部分で一緒に開発していくとアピールしていますが、実質的にはレッドブル・パワートレインズが開発したパワーユニットの名前に「フォード」とつけるスポンサー契約のようなものだと思います。

フォードは１９６０年代の後半から２０００年代の前半までＦ１活動をしていましたが、イギリスのエンジンビルダーのコスワースに実質的に開発を任せていました。そのエンジンに「フォード」という名前をつけるためにコスワースに資金援助をしていました。フォードのＦ１参戦はそういうスタイルです。

レッドブル・パワートレインズとのパートナーシップではバッテリーや電動化の技術開発に関わるのかもしれませんが、フォードは20年以上もＦ１から離れていました。少なくとも今のフォードに現代のＦ１に通用する技術が十分にあるとは考えられません。

結局、新たなレギュレーションに対応したバッテリーをつくれるのはホンダが契約を切った海外のメーカーぐらいしかないと思います。でもホンダが契約を切ったのは、品質や性能面で切るだけの理由があったからです。そのメーカーに競争力があったら、そのまま継続していたはずです。だからホンダは自分たちでバッテリーをつくる、という判断をしたのです。

エンジンの主要部品にしても、ホンダはある日本のメーカーにつくってもらっていました。でも、そのメーカーはF1の部品をつくっても大きな利益にはなりません。それでもホンダのF1のためにつくってくれたのは、量産車でのつながりがあるからです。会社の収益という面だけを考えれば、部品メーカーは積極的にF1に関わりたいとは考えません。だからサプライチェーンを構築するのは難しいのです。

レッドブルのようなレース専門会社が競争力のある大手の部品や原材料のメーカーと仕事をするとなると、自動車メーカーよりも多額の代金を支払うか、二流どころのメーカーと組むしかない。ホンダやメルセデス、ルノーなどの自動車メーカーは、部品や原材料のメーカーとも長い付き合いがありますし、量産で収益をこれだけ確保できているからF1でもお付き合いしますよ、という話になります。でも時にはホンダですら「ちょっと勘弁してください」と言われることもあるのです。それが現実です。

量産部門でのつながりがまったくないレーシングチームがいきなりトップレベルの部品や材料を確保することができるのか？　そういう問題に今からレッドブル・パワートレインズは直面すると思いますが、絶対に不可能とは断言できません。

フェラーリは少量生産のメーカーにもかかわらず、しっかりとサプライチェーンを構築できています。しかし、それはフェラーリが１９５０年にＦ１世界選手権が初めて開催されてから現在まで参戦し続けている唯一のチームだからです。彼らは長いモータースポーツ活動を通じて独自のサプライチェーンをつくり上げているのだと思います。

レッドブルも長い時間をかければフェラーリのような体制を構築できるかもしれません。ただ、フェラーリのＦ１の歴史を振り返ると勝てない時期が何度かありました。それを耐えて参戦し続けてきたからこそ、サプライチェーンを構築できているのだと思います。マテシッツさんという強力なリーダーを失ったレッドブルにそれができるかどうかは注目していますし、自動車メーカーではないレッドブルが勝てるパワーユニットをつくり上げることができれば快挙です。その意味では楽しみでもあります。

新規参入のアウディも大変だと思います。ドイツのアウディはスイスの中堅チーム、ザウバー（現キックザウバー）を買収して２０２６年から参戦することを発表していますが、車体とパワーユニットの両方を開発しなければなりません。ホンダはパワーユニットの開発だけでも数年間、苦しみに苦しみました。コストキャップがある中で、Ｆ１経験がないアウディが数年でトップレベルのパワーユニットを開発できるのか。それはかなり高いハードルだと予想しています。

GMはアメリカのレーシングチーム、アンドレッティ・グローバルと組み、キャデラックブランドで2025年または26年シーズンからの参戦を目指していましたが、F1のプロモーションやマーケティングを統括するFOM（フォーミュラ・ワン・マネジメント）はアンドレッティ・キャデラックのエントリーを拒否。ただ一方で、GMは28年シーズンからのパワーユニット・マニュファクチャラー（製造者）登録をFIAに済ませているので、参戦の可能性は残っています。アメリカ最高峰のフォーミュラカーレース、インディカー・シリーズではエンジンビルダーのイルモアと組んでいますから、競争力のあるエンジンをつくれるかもしれませんが、バッテリーに関しては苦しむのではないかと思います。

アストンマーティン・ホンダの能力

私はレッドブルという技術屋集団にはとても好感を持っています。開発を進める上で厳しさはありましたが、チームの雰囲気はギスギスしていないですし、みんなが和気あいあいと仕事に取り組んでいました。

レッドブルは、ホンダがマクラーレンにバッシングされて苦しんでいたことを知っていたので、多少意識してくれたかもしれませんが、厳しい要求を突きつけてくるようなことはありませんでした。最初の頃はとにかく「のびのびやってくれ」と繰り返していました。そんなこと言われなくても、こっちはのびのびやっているのになあと思っていましたが。

そんなレッドブルの気遣いもあり、パートナーを組んで1年ぐらいで、何も言わなくてもお互いが勝利のために全力でプロジェクトに取り組むという信頼関係を築けました。

最初にパートナーを組んだマクラーレンとはそういう関係を構築できませんでした。マクラーレンはホンダのことをパートナーというよりも、スポンサーとしてしか見ていなかったように私は感じます。

レッドブルはホンダのラストシーズンとなる2021年に、急遽、新骨格のパワーユニットを投入しようとしたときも「速くなるならウエルカムだよ」と言ってくれました。彼らはマシンの設計変更を余儀なくされたはずですが、なんの文句も言わずに対応してくれました。当時のマクラーレンであれば、きっと設計変更のためにこれだけ費用がかかったと請求書を送りつけてきたと思います。

レッドブルというチームは、レースに勝つことだけに集中できる体制が構築されていました。そこはモータースポーツへの理解と情熱があったレッドブルの創設者ディートリヒ・マテシッツさんの存在が大きかったと思います。でもマテシッツさんが2022年に亡くなって、その状況も変わりつつあるのかもしれません。

おそらくマクラーレンも昔は違っていたと思います。1980年代前半から35年以上もチームを率いてきたロン・デニスさんのような絶対的な権力を持っているリーダーがマクラーレンからいなくなり、株主や投資家から資金を得て、成績が出なくなると変わらざるを得ないと思います。

ホンダは2026年からの復帰を決めたときにレッドブルと再び組むことも考えましたが、結局は断念しました。レッドブルがホンダの撤退表明直後から自分たちのパワーユニットの製造会社レッドブル・パワートレインズに急ピッチで莫大な投資をして、立派なパワーユニットの開発施設をすでに完成させていたからです。

レッドブルとホンダがもう一度組むことになるとすれば、レッドブルがガタガタになったときしかありません。レッドブルがパワーユニット開発に投入した巨額の投資が無駄だったということを認めざるを得ないようなところまで落ちないと難しいと思います。

レッドブルは自分たちで勝てるパワーユニットをつくろうと考え、レッドブル・パワートレインズを設立し、最初はポルシェと手を組もうとしました。ところがポルシェとの交渉はうまくいきませんでした。

それでメルセデスなどからスタッフをリクルートしてパワーユニットの開発をしてみたけれども、そう簡単にはいかなかった。そこでホンダと2026年シーズン以降も一緒に組んで戦えないかと声をかけてきました。

レッドブルの要求は、内燃機関のエンジンは自分たちでつくるので、バッテリーの部分だけを協力してほしいというものでした。しかし、それではホンダとしては技術者の発掘や育成が達成できませんし、カーボンニュートラル燃料も含めた環境技術の開発もできなくなってしまいます。

最終的にホンダは独自の道を進むことを決断しました。その後、いくつかのチームと交渉した結果、アストンマーティンの反応が一番よかったということです。ワークスの価値を認めてくれ、対等の立場で協力しながら開発しようと言ってくれたアストンマーティンと組むことになりました。

オーナーのストロールさんはすごく喜んでくれましたし、彼の情熱は本物です。もちろん現時点ではアストンマーティン・ホンダがどうなるかはわかりませんが、少なくとも2015年にマクラーレンと組んだときのようには絶対にならないと断言できます。トラブルが続出して完走すらままならないという、あんな恥ずかしいことにはならないと思いますが、いきなり勝てるかといえばわかりません。

でも能力的には勝ってもおかしくないと思います。アストンマーティンはレッドブルから優秀な人材を引き抜いています。彼らがつくり上げた車体の出来がよく、新レギュレーションのもとでホンダのパワーユニットに優位性があって、両者がうまく嚙み合ったら、いきなりトップ争いに加わってもおかしくないと思います。そうなるようにしてほしいというのが、私からホンダの後輩たちへのメッセージです。

メルセデスの失敗に学ぶ

繰り返しになりますが、2023年シーズンはホンダのパワーユニットを搭載するレッドブルが22戦中21勝を挙げ、年間最多勝の新記録を更新してコンストラクターズチャンピオンに輝きました。しかしこのシーズン、私はレッドブルの強さよりもメルセデスの不振に驚かされました。「メルセデスはいったい何をしているんだ。チーム内で何かあったのか……」というのが率直な感想です。

また2023年シーズンはメルセデスのパワーユニットを搭載するカスタマーチームのマクラーレンやアストンマーティンが躍進して大きな注目を集めましたが、ワークスのメルセデスが強ければ、そんなことにはならなかったと感じています。

新しいマシンレギュレーション導入の初年度となった2022年は、メルセデスは1勝にとどまりましたが、それは仕方ない面があります。新ルールに合わせてマシンを開発し、いざシーズンが始まってみたら〝外してしまった〟ということです。

逆にレッドブルは、マシンを手掛けるデザイナーのエイドリアン・ニューウェイさんが新ルールのもとで競争力を発揮するマシンをきちんとつくってきた。だから1年目でライバルの一歩先を行き、タイトルを獲得できたのだと思います。でもメルセデスは2年目も立て直すことはできず、2023年シーズンは一度も勝てませんでした。

メルセデスは2014年から21年にかけてコンストラクターズ選手権で8連覇を達成し、圧倒的な強さを誇りました。私たちはF1に復帰した2015年以降、メルセデスに立ち向かい、「やっと追いついたかな」と思うたびに何度も突き放されてきました。絶対的な王者としてわれわれの前に立ちはだかってきたメルセデスが、なぜ新しいレギュレーションに合ったマシンを開発することができないのかと不思議に感じています。

私の感覚では1年ぐらいで復活すると思っていたのですが、2年連続で苦しんでいるのはなぜなのでしょう？

これまでメルセデスはパワーユニットのパワーに頼ったマシン開発をして、勝利を積み重ねてきました。現行のルールのもとでは、パワーユニットの性能に関してはホンダ、メルセデス、フェラーリはほぼ互角です。でもメルセデスはこれまでパワーの優位性がある中で勝ち続けてきたので、どうしてもパワーがあることを前提とした車体のつくり方から脱却できていないのではないかと私は推察しています。

新しいマシンレギュレーション導入初年度に結果が出なかったら、すぐに別の方向性を見つけて開発を進めていかなければなりません。しかし、そこが私の知っているメルセデスらしくないと感じます。その半面、技術屋としては自分たちのコンセプトや方向性が間違っていたと認めるのはなかなか難しいのもわかります。ホンダも第2期のマクラーレン・ホンダ時代に同じ経験をしました。

1988年から92年までホンダはマクラーレンとパートナーシップを組んで戦いました。その間、ホンダエンジンの圧倒的なパワーを生かし、アイルトン・セナ選手とアラン・プロスト選手がドライブしたマクラーレンは1988年に16戦中15勝を達成。その年から91年までドライバーとコンストラクターのダブルタイトルを独占し続けました。

でも当時のマクラーレンは、強力なパワーを発揮するホンダエンジンに依存しすぎてしまい、車体開発でライバルに徐々に後れをとっていきました。それが表面化していくのは数年後です。

１９８９年にターボエンジンが禁止となり、自然吸気エンジンのレギュレーションが施行されると、ホンダのエンジンパワーのアドバンテージが小さくなっていきました。そして１９９２年にはマクラーレン・ホンダは頂点から滑り落ちます。

逆にエンジンパワーがない中でどうやって勝てばいいのか？　そう、一生懸命に車体の開発をしていたウイリアムズ・ルノーが着実に力をつけていきました。そしてウイリアムズ・ルノーはマクラーレン・ホンダを追い越します。

今、メルセデスも当時のマクラーレン・ホンダと同じ罠に陥っているのかもしれません。そうであれば開発体制を抜本的に立て直す必要がありますが、それともただ単に新ルールに合わせたマシン開発を外したことが影響しているだけなのか。その答えは２０２４年シーズンには明らかになると思います。


メルセデスの２０２２年から23年シーズンの戦いぶりを見ていると、私が長く技術者として仕事をしてきて得た「成功体験は危ない、邪魔になる」という教訓がそのまま当てはまるように感じます。成功体験は自信を得るという意味ではとても重要ですが、次に何かをやるときにそれに縛られてしまう可能性があります。そうすると、同じことをやっても世の中の状況が変化していて同じ結果が出ない、むしろマイナスの結果になることもあるということを、メルセデスの戦いは証明していると思います。

ホンダのスタッフには、慢心すればしっぺ返しが来ることをメルセデスの戦いぶりを見て感じてほしいと思います。今後もレッドブルとパートナーを組む2025年シーズンまでは彼らと共に勝利を積み重ねながら、新レギュレーションが導入される2026年向けのパワーユニットを確実に仕上げることを期待しています。そして若い技術者たちで、勝てるパワーユニット開発ができることを証明してほしいです。

F1は忖度なし、容赦なし、配慮なし

2026年に施行される新レギュレーションに合わせたパワーユニット開発は私がホンダにいた時代からスタートしていますが、私は退職の1年ぐらい前には手を引き、すでに角田LPLがメインになって行っていました。私は任せたら口出しは一切しません。

現在、ホンダのパワーユニットの開発責任者を務める角田LPLは私が選任しました。スマートで優秀で、技術センスもあります。ただパワーユニット開発全体を見るリーダーは、技術力だけでなく、判断力や先を読む能力、人を惹きつける能力なども求められます。

でも私と角田LPLでは役割が違います。私はどん底から立ち上げて頂点に立たせることが役割でした。角田LPLは這《は》い上がる必要はありません。成功を維持していくことがミッションになりますが、それはそれで難しさがあると思います。

パワーユニットの新レギュレーションが導入される2026年に関しては、いちおう各メーカーすべてリセットされてのスタートになります。ホンダはどん底とはならないと思いますが、先行きが見えづらいところはあります。

2026年にガタガタになったら、また各方面からバッシングされるでしょう。F1は注目度が高いので批判は避けられません。そういうプレッシャーの中で戦うからこそ、人が育つのです。当然、それにビビっているようではリーダーは務まりません。

「F1は忖度《そんたく》なし、容赦なし、配慮なし」です。レースを面白くするために、BOP（バランス・オブ・パフォーマンス）と呼ばれるマシンの性能調整を行い、勝ったり負けたりの接戦を演出するということは一切ありません。強いチームが勝ち続け、弱いチームが負け続けるのがF1という競技です。そういう究極のレースだからこそ技術者の競争やブレイクスルーが生まれるのです。

誤解していただきたくないのは、私はBOPを採用するレースを否定しているわけではないということです。ただ技術者が世界一を目指すのであれば、F1のようなレースである必要があります。負けているチームにＢＯＰと称してサポートがあるのであれば、そこに企業として技術者を投入しても、まったく育たないとはいいませんが、効率が悪いと思います。

容赦や配慮のないレギュレーションですから、メルセデスが２０１４年から21年までコンストラクターズタイトルで８連覇を達成したり、２０２３年のレッドブルのように22戦中21勝を挙げたりすることもあるのです。ファンにとっては勝ちが見えるレースというのはなかなか盛り上がらないものですが、Ｆ１だけは例外です。容赦や配慮がないからこそ、ドライバーやエンジニアもプライドを懸けて戦うのでレースがヒートアップします。

しかも面白いもので、Ｆ１の長い歴史の中にはマクラーレン・ホンダやメルセデスのように一時代を築くチームが登場することがありますが、彼らも未来永劫に勝ち続けることはできません。レギュレーションの変更が大きいと思いますが、数年おきに波があります。

ルマン24時間レースがシリーズ戦に組み込まれるＦＩＡ世界耐久選手権（ＷＥＣ）や日本で人気が高いスーパーＧＴもＢＯＰを導入していますが、それをずっと拒否し続けてきた唯一の最高峰レースがＦ１といっていいと思います。

2023年、パワーユニット開発に後れをとっているルノーがBOPではありませんが、パワーを向上させるための救済措置を適用してほしいと訴えました。しかし、ほかのパワーユニットメーカーの代表は拒否しました。ヨーロッパの技術者も私と共通の認識を持っていると感じます。ただFIAは、BOPを導入することはしませんが、一番勝っているチームやパワーユニットメーカーが苦しむようなレギュレーション変更を時々してきます。たとえば1980年代にホンダがターボエンジンでライバルを圧倒すると、自然吸気エンジンを導入することを決めました。でもそれは、あくまで各チーム共通のレギュレーションです。強いところにハンデを背負わせて弱いところを有利にするというレギュレーションとは違います。BOPを導入すると、F1がF1ではなくなるというコンセンサス、共通の認識は関係者全員が持っているのでしょう。

本当の意味で、技術者対技術者の競争がある世界最高峰のレースといえば4輪ではF1ぐらいしかありません。そこで勝つためにはドライバーだけでなく、車体、パワーユニットの3つがすべてそろっていないとチャンピオンになることはできません。

F1は忖度なし、容赦なし、配慮なしという世界最高峰のレースだからこそ、そこでメルセデスやフェラーリに勝ってチャンピオンになれば自信が生まれ、世界一や世界初の商品開発にチャレンジするときに必ず役に立つと私は信じています。ホンダはそういう無謀な挑戦をすることで成長していった会社です。Ｆ１での活動にはそんな一面もあるのですから、今後もチャレンジし続けてほしいと思います。

第7章

ホンダの存在価値と日本の危機

尖った才能を持った変わり者を組織の中でどう活かすか

危機に備えることは人を育てること

企業や組織のような人間の集団が長く存続していると、必ず危機は訪れます。それは当たり前のことです。そういうときに役に立つ人間、頼りにされる人間と、順調なときに役に立つ人間というのは種類が違うと思います。

私はこれまでホンダで何度かの危機に直面し、乗り越えてきました。ホンダにとってF1は危機のときに役に立つ人間を発掘したり、育てたりする役割を担っていると私は考えています。究極の技術開発競争が繰り広げられるF1で世界一になったという自信をつかんだ数百人の中から才能やセンスのある人間が浮かび上がってきて、会社の危機を救うというのが私の仮説です。

危機に備えろと口で言っても備えられるものではありません。大体、危機はいつ訪れるのかわからないものです。気がついたら目の前に大きな危機が迫っていたというケースがほとんどだと思います。危機に直面すると、順調なときに役に立つタイプの人間を含め、みんな矢面《やおもて》に立ちたくないので逃げ腰になります。そこで危機に立ち向かう人材を育てることが、危機に備えることになります。

Ｆ１は危機を経験するためのいいシミュレーションになります。ホンダの第４期活動を振り返ってみれば、パワーユニットの開発に失敗し、パートナーを組むマクラーレンにバッシングされて、もう撤退か、というどん底まで追いつめられて、そこから脱出してタイトル獲得に成功しました。

数々の危機を乗り越えて「俺ならできるかもしれない」という変な自信をつかんだ人間が、次の危機が来たときにどう活躍するのか。結果はどうなるかはわかりませんが、そういう人材を残すことが危機への対策だと思うのです。

危機を乗り越える力やセンスは、すべての人間が身につけられるものではないと思います。どうやったら危機を乗り越える力を身につけさせられるか、ということよりも、埋もれている人材の中からセンスを持っている人間を発掘して育てることが企業や組織にとっては重要だと思います。

ホンダがＦ１参戦を継続したのは、センスのある人材を育てたり、掘り起こしたりする場所が必要だからです。私はただＦ１が好きだからという理由で会社に楯突いて参戦を継続するように動いたわけではありません。そういう場がなくなったら、ホンダがホンダじゃやなくなるという強い危機感があったからです。

ホンダにとってF1は、将来への種まきのようなものです。根を張り、芽が出るかどうかはわかりません。それは今、F1で戦っている若い人たち次第です。でも私はリーダーとして種を絶やさないようにまいたということです。まかないと芽は出ないですし、花も咲きませんし、次の種もできません。

危機が人を成長させる

会社が危機に直面してどんどんダメになってくると、変な人間を潰す元気もなくなってきて、むしろ頼らざるを得なくなってきます。本当にどん底に落ちそうになったときに仕方なしにそういう人間に頼んで、ポッと出てきて世の中を変えるような画期的な商品を開発したり、世界一になるという快挙を成し遂げたりする。それが面白いと思いますし、ホンダはそうやって成長してきた会社です。

今、F1で活躍している若いスタッフたちがリーダーになる10年後、20年後にそういう人間がある一定の確率で出てくるはずだと思い、自分の背中を見せてきました。もちろん見せたら必ずできるものではありませんが、見ないよりは見たほうが近づくことができますし、仕事のやり方を覚えることもできます。

世界一になるという景色を一度も見たことがない者より、見たことがある者のほうが強いと私は思っています。若い人間にとって、このF1での経験がこれからの技術者人生の中で大きな意味があったと信じています。

N－BOXの開発を私と共にやった部下たちも、まったく売れていないホンダの軽自動車のプロジェクトをいちから立ち上げ、多くの困難を乗り越えて、日本一売れる車を世の中に送り出すことができました。そういう経験をした人と、したことのない人とを比べると、やっぱり技術者としての成長度や自信が全然違うと思います。

軽自動車のN－BOXとF1ではまったく世界が異なりますから、違ったタイプのリーダーが育ってくるのではないかと期待しています。

ただ、危機のときに力を発揮する変な人間は順調なときにはあまり役に立たないケースもあります。上に立つ人間は、彼らを踏みつけるぐらいはいいですが、除草剤を撒いて根まで枯らしてしまうと、本当の危機のときに生えてきません。変わり者を排除せずに、いちおう会社の中に居場所を残しておくことが大事だと思います。

私が開発に携わった初代オデッセイや軽自動車のNシリーズの開発チームは、変わり者の集まりでした。ミニバンや軽自動車は何度も商品企画が立ち上がっては、そのたびに失敗を繰り返してきました。いわば不可能命題みたいなものです。大体、そういうところには、優秀な人間は配属されないのです。何かちょっと一癖二癖がある、変わった人間しか割り当てられません。

そういう人間の集まりでしたが、きちんと成果を出すことができました。そこでキモになったのは、優秀だけど扱いにくい人間たちでした。そういう人間はやる気があるときとないときで全然違うのですが、彼らにどうやって能力を発揮してもらうかが勝負でした。おそらく、それはどこの会社でも共通していえることだと思います。

F1には優秀な人間がたくさん来ていましたが、やっぱり世界一になろうとすると、優秀だけど扱いにくい人たちがどう化けるのかがプロジェクトの成否の鍵を握りました。そういう人間は強いこだわりがあるのですが、コミュニケーションが下手で、人の顔色をあまり読むことができません。だから同僚や上司としょっちゅう喧嘩をしたりして、周囲とうまく付き合うことができず、会社が順調に回っているときには彼らは変わり者として隅っこに追いやられ、本来の実力を発揮できていないのですが、条件や環境がガチッと合うと期待以上、150%ぐらいの活躍をします。

テスラやXを所有する起業家のイーロン・マスクだって、発明家のトーマス・エジソンだって、相対性理論を発見した物理学者のアルベルト・アインシュタインだって、もっといえばホンダ創業者の本田宗一郎さんだって、多少なりとも強いこだわりを持った変わり者だと思います。

常識にとらわれず、興味があることには24時間集中していても苦にならない。むしろ楽しいと感じて、時には食事をするのも忘れて没頭してしまう。そういう性格じゃないと、難しいことを成し遂げることはできません。

普通の価値観を持ち、なんでもそつなくこなす、一般的に頭のいいタイプは、どこの会社にも3割ぐらいいると思います。そういう優秀な人間は誰が上司であろうと、どこのチームに配属されてもコンスタントに仕事をこなしてくれます。組織にとってありがたい存在で、絶対に必要です。彼らがいないと会社や日々の仕事は回っていきません。だけど危機を突破するときには、変わり者がキモになります。

優秀な人間と変わり者はセット

私は、優秀な人間と変わり者はセットだと考えています。変わり者を全部潰してしまうと効率がよくなるように思えるかもしれませんが、私の実感では、そんな風にはなりません。変わり者を根絶やしにすると、会社にとって欠かすことができない優秀な人間も潰してしまいます。

かつてのホンダには変わり者がいっぱいいました。こだわりが強くて、周囲を気にせず、ひとつのことだけをとことん突き詰めていくような尖った人間が本当に多かった。それがだんだん排除されて活躍できなくなっていき、ホンダがホンダらしくなくなってきたように感じます。まだぎりぎり残っていた人間がＦ１やＮ－ＢＯＸの開発でも助けてくれました。彼らがいなかったらプロジェクトを成功に導けませんでした。

私がＦ１パワーユニットの開発総責任者を務めていたときに設計担当でシミュレーション作業の能力がとても高い人間がいました。なぜ壊れるのかわからないところや、どう直していいのかわからないところをシミュレーションで発見して、すぐに直してしまうのです。ホンダのパワーユニットは高い信頼性を誇っていますが、彼がいなかったら直せなかったところがたくさんあります。

その彼は、能力は高いのですが、コミュニケーションが下手で上司に嫌われ、隅っこに飛ばされていました。彼が上にいろいろと提案するのですが、「お前はこれをやっていろ」と重要じゃない仕事を回され、出番が極端に少なかった。私にいわせれば、その上司のほうがレベルが低い。特に成果を自分のものにしたがる上司にとって、彼は疎《うと》ましい存在だったと思いますが、私は何度も助けてもらって本当に感謝しています。


軽自動車のN－BOXで一緒に仕事をしたある人はもっと変わっていました。彼は開発チームではコンセプトづくりなどを中核になってやってくれたのですが、それまではどこのチームでも浮いてしまってうまくいっていませんでした。この人間は忖度せずに思ったことをなんでも口にしますし、誰に対しても「なんでこんなことがわからないんだ」という態度で接していました。

本人は相手をバカにしているわけではなく、どっちが上とか下とか主張しているわけではないのです。一生懸命に自分の提案するアイデアのほうがいいと主張しているだけなのですが、そんな態度なので同僚や部下には相手にされない。上司をおだてたり持ち上げたりすることもできないので、言われた上司が「なんだコイツは、お前は自分のほうが上だと思っているのか」と感じて、遠ざけていたのです。

そういう人間は高い能力があっても周囲とうまくコミュニケーションを取れないので出世もできない。今でもホンダを含めた多くの日本の大企業では管理職になることが出世です。つまり技術やセンスだけはあるけれど、人の管理や組織のマネージメントができない人間が大きな舞台で活躍できるストーリーは、日本の会社にはほとんどないのが現実です。最近では、尖った才能を排除することが損失になると企業も気がつき始めて、マネージメントしている人間よりも高い給料をもらう技術者が一部では出てきていますが、まだ日本では多いとはいえません。「尖った変わり者が出世できる制度」を早くつくって導入していかないと、これからの日本の会社は本当に苦しくなると思います。

尖った才能を持った変わり者を組織の中でどう活かしていくのか、というテーマはこれからの日本の企業にとって重要だと思いますが、それを実現させるのは本当に難しいと思います。世の中を変えるような商品を生み出そうとすれば、協調性がある人間だけではダメなのはわかっていますが、周りと全然付き合えない変わり者ばかりでは組織として成り立ちません。そこをどう調整してマネージメントするのか、というのは普遍的なテーマとしてあります。

でも、そういう変わり者を引っ張っていったり、活かしたりするリーダーが必要ですし、かつては存在していたんじゃないかと思います。本田宗一郎さんはまさにそうだったと思います。ホンダは変わり者のリーダーが変わり者の技術者たちを引っ張っていって、ベンチャーから大企業になった数少ない会社です。今のホンダの人たちは、そういうことを忘れているのではないかと感じることがあります。

ホンダが直面する危機

ホンダは危機に直面していると思います。定年前からホンダがホンダじゃなくなるんじゃないかと心配していました。変な自信がある変わり者が世の中を変える商品を出すからこそ、初めてホンダという会社の存在意義があります。そうじゃなく「普通の会社」を目指すのであれば消えてなくなればいいと思っています。

儲けることで企業の価値を上げ、株価を上げ、アナリストやエコノミストも評価するというのが普通の会社です。そういう会社を目指すのであれば、経費は削減したほうがいいに決まっています。だから営業系の人間や経済アナリストたちは、F1はやめてしまえ、ホンダジェットはやめてしまえ、ASIMO（アシモ）はやめてしまえと口々に言います。全部やめて普通の会社になれと言うのです。

F1、ホンダジェット、そしてアシモのようなロボット部門はホンダの中では儲からない部門のトップ3です。事業から見ればレースやアシモは損益ですし、ホンダジェットは将来的には利益を生むと思いますが、今のところあまり儲かっていません。ジェットは機体を売って儲けるという形態ではなく、整備で儲けるようです。ずっと売り続けることで整備も含めて初めて儲かるというビジネスモデルです。ホンダジェットは小型ジェット機部門の販売台数で世界一になっていますが、なかなか売れているイコール儲かることになっていません。

経費として重くのしかかっている事業に対して、収支を計算している人たちは反対します。それは当たり前ですが、普通の会社になって、果たしてホンダが今後、生き延びていけるのかということを考えないわけです。無駄な経費を減らして、計算上儲かる車だけをつくっていれば普通になるじゃないかと彼らは主張します。

言葉は悪いですが、私からすればバカじゃないかと思います。まったく同意できません。コストや経費を削って売れる車だけをつくって利益を上げることは、ホンダが一番下手なところじゃないかと思っています。それにホンダからF1やジェット、アシモがなくなったら、どういう存在価値があるのか。

世界一や世界初を目指さず、儲かることを第一に考える普通の会社になることを経営陣が選ぶならば、ホンダに変わり者は必要ありません。それは仕方がないですが、じゃあホンダはどこで存在価値を見出していけるのですか？　普通の会社は世の中に山のようにあるのに、その中に埋もれてなんの取り柄もない会社になってしまうのではないですか？　というのが私の主張です。

普通の会社を目指す風潮が強くなってきたことで、尖った才能を持った変わり者がだんだん排除されて活躍できなくなっていき、社内の雰囲気が変わってきているように感じます。私が入社した頃は「変な人間、わけのわからない人間を採用しろ」と言われていた時代なので、実際に社内にはこだわりの強い変な人間がいっぱいいました。ところがリクルート的にだんだん人気が出てきて、学歴の高い、普通に優秀な学生がたくさん入ってくるようになってきました。

それに伴い、採用側の方針も変わってきたような気がします。どうせなら変わり者よりも、優秀で、頭がよくて、常識のある学生を採用するようになってきました。それが10年も続けば、そういう社風になってきます。おそらく今、私が現役の学生だったら、ホンダに入社できないと思います。

ホンダは、変な人間たちが常識にとらわれず無謀な挑戦を繰り返して、世界一になったり、世の中にないものをつくり出したりして成長してきた会社です。それがホンダの存在意義だと私は信じています。ホンダの原点を忘れてほしくない、これからも変わってほしくないと思っています。

嫌な上司は永遠ではない

技術者としての喜びは、世の中にないものをつくり出すことや世界一に挑戦することだけではありません。自分のつくった商品が市場で受け入れられ、お客さんが喜んでくれることが技術者としての何よりの喜びです。

気筒休止エンジンは市場で受け入れられ、ヒットして会社として収益を上げることができました。軽自動車のN－BOXはお客さんに支持されて日本一売れるクルマとなっただけでなく、国内の雇用も維持することができました。

お客さんが笑顔になると技術者も楽しくなります。だから私は自動車メーカーに限らず、どんな業界の若い技術者と話すときにも「上司の顔色をうかがうよりは、お客さんが喜ぶことを追求したほうが面白いよ」と繰り返してきました。責任は持てませんが、私の技術者としての生き様を見れば、あながち嘘ではないと思います。

今、会社や組織の中でうまく結果を出せなかったり、上司との折り合いが悪かったりしてなかなかチャンスを与えられず、不遇な時間を過ごしている人もいると思います。でも嫌な上司は永遠ではありませんし、自分に才能があるかどうかなんて、そもそも誰にもわからないのです。

私もなんとか結果を出してきたので今でこそ偉そうに話せますが、その証明がまったくない若いときは、むしろ全体の評価からすれば「コイツは使えない。コイツなんかに仕事を任せたら会社がとんでもないことになる」と思われてきた人間でした。

それに私自身、自分の才能を信じて技術者人生を歩んできましたが、この年になってやっと「俺はほかの人よりも多少は能力があったかもしれないな」と感じるぐらいです。結局は自分を信じて仕事をしていくしかないのです。

今いる場所での評価が低いからといって自分を卑下し、あきらめるのではなく、信念を持って自分にチャンスが回ってくるのを待つ。逆に評価を上げていた人間が萎えたときや会社に危機が訪れたときに、チャンスが必ず回ってきます。

ホンダでも私が上司になったことで、それまで変なヤツだと言われ、評価が低かった人間が日の目を見たケースがたくさんありました。自分を評価しない上司も永遠ではありません。自分に能力があるかどうかはわからないけど、自分の能力を信じて挑戦し続ける。チャンスが来ても結果を出せなければ仕方がないですが、その次のチャンスも必ず来ます。そこで結果を出すことで生き延びることができます。失敗と成功を繰り返しながら、私は技術者人生を歩んできました。

向かい風のときに暴れるな

自分を信じて仕事に取り組むことは大事ですが、最低限やってはいけないこともあります。向かい風や逆風のときに投げやりになったり、世の中を悲観して自暴自棄になったりしてはいけません。そこでヤケクソになって上司に楯突いたり暴れたりしてしまうと、本当に面倒くさいヤツだと評価されて排除されてしまいます。あからさまに上司に反抗を続けていたら、会社は処分せざるを得ません。

若いときはこのまま沈んだままなのかもしれないという恐怖心があるので、どうしても無理したり、もがいたりしてしまうのですが、ドツボにはまるだけです。そういうときは〝しのぐ時期〟という時間軸をつかむ感覚を持ってほしいと思います。

この感覚を言葉で表現するのはことのほか難しいのですが、嵐のときは身を低くしつつ、コイツに頼むしかないというときに目につくようにはしておく。嵐のときに立ち上がって向かい風のときに暴れると飛ばされ、先がなくなってしまいます。

いい波と悪い波はある確率で必ず来るので、悪い波のときは無理をせずにうまくしのいで、もう一回次のチャンスが来ることを信じて待つ。チャンスは必ず来るので、いい波が来たときにはつかみ取る。難しいことですが、真理だと思います。

そしてチャンスをつかんでいい波に乗った後も、うぬぼれすぎない。やっぱりいい波と悪い波が交互に来るので、いい波に乗ったとしても有頂天になっていると足をすくわれてしまいます。

私も初代オデッセイの開発をしていたときに「お前は絶対に管理職にさせない」と上司に面と向かって言われたことがあります。グローバルで販売されている主要車種の開発責任者をクビになったこともあります。そんなとき、私は身体を鍛え、ゴルフをしたり、釣りをしたりしてしのぎましたが、その後、会社が危機になりチャンスが巡ってきました。

不運のときにあんまり騒いで、卑下して、自分の能力を認めない上司を恨んでも仕方がありません。そのときの会社の状況を含めて私は求められていないと考えて、自分の能力を信じていれば世の中も変わり、上司の巡り合わせの運も来ると信じて黙々と仕事をする。チャンスが来たときに失敗したとしても、それは本望でしょう。また次のチャンスで頑張ればいいのです。繰り返しになりますが、自分に能力があるかなんて誰もわかりません。あると信じてやってみるしかありません。それが面白い技術屋人生につながるぞ、と私は若い人たちに言いたいですね。

見本にしていた先輩たち

私がリーダーとして見本にしていたのは、若い頃に配属された第2期のF1プロジェクトや初代オデッセイのときの上司もさることながら、ホンダの変な先輩方全員でした。とにかくみんな変わっていました。飲み会では、とんでもない武勇伝を大声で語っていましたが、それは上の人の顔色をうかがってうまく出世するという自慢話とはまったく種類が違います。

今になって考えると、その先輩たちは自分がなりたかった姿を武勇伝として語っていたのだと思います。夢を語っていたんですね。その影響は大きかった気がしています。「上司が常識にとらわれたつまらないことばかり言うので大暴れした」とか「ほかのメーカーの真似をして何が面白いんだ。やるんだったら日本一、世界一を目指せ」とか、そういう飲み会での武勇伝、自慢話はホンダにとってことのほか重要だったと思います。ホンダの技術者はそういう生き様なんだと20代、30代のときに変な先輩方たちに教わってきた気がします。

ホンダは、変な会社です。変な人がいっぱいいて、そういう変な先輩方に育てられて、変な先輩たちの武勇伝を真に受けて仕事をしてきて、そんな会社の中でなんとか生き延びてきたのが私です。当然、私も変わり者です。

いろんな失敗もあり、冷や飯を食ったこともありましたが、ホンダでの技術者人生は本当に面白かったので、ホンダにはそんな変な会社でずっとあってほしいと思います。だから私はリーダーになったときに変わり者を潰さず、能力を発揮できるようなチームづくりをしてきたつもりです。変わり者は環境やタイミングなどがガチッとはまれば、ものすごい能力を発揮して、誰もできなかったことを成し遂げます。もともとホンダはそうして成長してきた会社だったと思います。

Ｆ１プロジェクトに参加したときに、あるメディアの方が私のことを「ラストサムライ」と言っていましたが、「俺がラストかよ」という寂しさはあります。でも、それは当たらずといえども遠からず、というのが正直なところです。

私がラストかラストじゃないかは、後輩たち次第ですが、少なくとも私はリーダーとして若い人たちに最高峰のＦ１で世界一になるという経験を積ませることができました。そこで自信をつかんだ若い人たちの中から、きっといつの日か次のサムライが出てくると信じています。

技術の前では皆平等

技術者にとっての最大の武器は技術力です。いくら私がリーダーだからといっても、技術力がなければ誰もついてきません。結局は技術屋と技術屋の一対一の真剣勝負です。相手が社長だろうが専務だろうか、テストの結果を見れば、どっちが正しいのかはっきりと出ます。

私が会社で生き残ることができたのは、部下や先輩に何を言われても真剣勝負で勝ち続けてきたということです。結果を出さないと、部下だって「この上司は使えない」とバカにしますので、指示を聞きません。地位でなんとかしようとすると、もっとおかしくなって組織がガタガタになってしまいます。技術の前では皆平等です。

自分に技術力がない分野に関しては、専門家を探して、意見を聞いて、問題を解決してきました。でも経験を重ねてくると、その分野に専門的な知識がなくても、「それはダメじゃないか」と勘が働くことがあります。そういう場合はテストを行い結果を基に判断しますが、実際にテストしてみると、私の直観が当たるケースが多い。これはひと言で言うとセンスなんです。言葉で表現するのは難しいのですが、「これは将来役に立つだろう。これはダメだな」というのは直観的にわかります。

私は技術センスを磨くために、いろいろと最新の技術について勉強したり、常に世の中にアンテナを張ったりしているわけではありません。テレビを見たり新聞を読んだりはしていますが、特に努力して何かをしているということはありません。興味のあることは勝手に勉強しますし、努力しなくても自然に情報が入ってきます。なんの努力もしていないといえば身も蓋もないですが、おそらく努力していることが苦になっていないのだと思います。

私は自分が好きなことは何時間もぶっ続けで考えていてもまったく苦になりません。それが普通の人からすれば努力なのかもしれないですが、むしろ遊びみたいな感覚で仕事をしています。あくまで感覚で、仕事は仕事です。ちゃんと収益を上げることを常に考えています。ただ苦しいことを一生懸命にやるのが仕事の定義というのであれば、仕事ではないのかもしれません。

私の息抜きは温泉ですが、温泉に浸かっているとマインドフルネス、瞑想状態になります。瞑想というとカッコいいですが、考えるでもなく寝ているでもなく、ただぼうっとしているのです。そういう状態のときに「アッ、こうすればいいんじゃないか!」とアイデアがひらめく瞬間がよくあります。

温泉に入っているときに何かを一生懸命に考えているわけではないのですが、解決しなければならない課題がなんとなく頭に浮かんで、脳の中ではいろいろとアイデアが回っているのでしょう。そうすると何かと何かが結びついて、新しいアイデアが生まれるのだと思います。寝ている間にアイデアが生まれる人もいるようですが、そういう脳の状態をつくるのが私はうまいのかもしれません。

F1やN‐BOXの開発で本当に苦しんでいるときに、温泉でアイデアがひらめいて、それを基に解決できたことが実際にありました。だからといって、アイデアをひねり出すために意識的に温泉に行くようにしていたということはありません。ただ温泉が好きだから入っているだけです。

部下に「なんで浅木さんはいいアイデアが出てくるのですか？」と何度か聞かれたことがあります。そのときは「ずっと悩んでいるとひらめくことがあるんだよ」と答えましたが、悩み考えることは技術者にとって非常に大事な能力です。考え抜くことで、解決策や新たなアイデアに必ずたどり着くことができます。

若手の育成に飲み会を活用

第3章でも触れましたが、ホンダには「山籠もり」という独自の文化があります。ホテルや温泉旅館に数十人で泊まり込んで徹底的に議論をしてアイデアを出していくのですが、初代オデッセイや軽自動車のＮ－ＢＯＸの商品開発のときは何度も山籠もりをしてコンセプトを詰めていきました。

会社の全体像や各部署がどういうことを目指して研究開発しているのかを若い人たちに理解してもらうためにも、私は山籠もりを活用していました。分断されている縦割りの会議には若い人間たちは出席できません。全員が参加する大がかりな会議は毎回講堂のようなところでやらなければならないので、若い人たちが会社の方向性やほかの部署の活動を知るチャンスというのはなかなかないのです。

そこでホテルや温泉旅館などにいろんな部署の人たちに集まってもらって会議をするのです。そこに若い部下たちも参加させ、ほかの部署はこの1年間どういうことをやっていたのか、何を反省しているのか、次の年には何をやるのか、というのを聞いてもらいます。

ヨーロッパでは社員が所属企業や関わっていないプロジェクトの全体像を把握できるような人材育成をしません。人材の流動性が高いので、将来、ライバル企業に移ってしまうかもしれないからです。でもホンダを含めた日本の企業は若い子を育て、活躍してもらうことを目的にしているので、山籠もりで若い社員たちに会社の全体像や方向性を理解してもらっていました。さらに会議のあとの大宴会で、私が各部署のプロジェクトに対していろいろ意見を言うのを聞いたり、ほかの部署のいろんな年齢層の人たちと話したりすることで刺激を受け、結構、若い人たちが育っていきます。

ホンダには年齢や肩書にとらわれずワイワイガヤガヤと腹を割って議論する「ワイガヤ文化」がありますが、私はそれを重視してきました。ただの飲み会という部分も当然あるのですが、そこで変な上司の自慢話や武勇伝を聞いてホンダの技術者としての生き様を学びましたし、エンジニア談義を交わすことで技術者としての基礎を叩き込まれました。

チームがうまく機能するためにも飲み会を活用してきましたが、最近の若い社員の中には「飲み会は仕事じゃないので行きません」という人も当然いると思います。そういう人は来なくてもいいんです。別に強制するわけではありません。

大事なのは、私と喋ると楽しかったと思わせることです。そうじゃなければ誰も飲み会には来ません。リーダーには人を惹きつける魅力が不可欠だと思います。上司の誘いだからと嫌々参加して、ただ説教されて、話す内容も面白くないといった、参加者が「早く時間が過ぎないかな」と時計ばかりを気にしているような飲み会だとなんの効果も出ないですし、私だって楽しくありません。

面白くて有意義であれば、酒を飲めなくても参加する人はいると思います。実際、私が主催する飲み会は酒を飲まない人がたくさん来ていました。それに会社の会議では、なかなか若い人たちと長く会話する機会がありませんが、飲み会では最低でも2時間ぐらいは喋ることができます。自然とコミュニケーションは深まります。

私が飲み会をする一番の目的は、言いたいことがある若い人間のタガを外してやることでした。若い人たちが仕事をする上で制約があると感じていることを聞いて、自由に思い切りやれるように背中を押してやりたいと思っていたからです。

「ホンダにいれば出世しなくても、子どもを高校や大学に入れられるぐらいの給料はもらえるだろう。何をビビっているんだ。上司の顔色をうかがうのではなく、自分の考えていることを思い切ってやってみろ」と飲み会でよく若い人たちにアドバイスしていました。

俺もそうやって生き延びてきたんだよと話すと、「ああ、そうだな」とたぶらかされる人間が出てきます。でも、そのアドバイスが心に響いたり、私の生き様を面白いと感じてくれたりする人がいて、私の飲み会に参加する人は多かったと思います。

それに酔って話をしていると、向こうの本音も出てきます。そうするとチームを率いる立場の者として、部下はこんなことを考えているんだと参考になります。逆に私が考えていることを全員に伝えるという意味でも、有効活用していました。

飲み会や山籠もりに使う経費をもったいないという人もいましたが、F1や自動車の開発で使っている予算に比べたら誤差みたいなものです。

ただ飲んで食べているだけだったら高いと感じるかもしれませんが、飲み会や山籠もりをすることで少しでもチームの作業効率が上がれば、あっという間にそんな経費は取り戻せるだけの効果があります。チームの全員のベクトルを合わせることができれば、安いものです。でも最終的に効果に結びつけられるかどうかはリーダーの手腕次第です。

自動車産業と日本が抱える危機

自動車業界は100年に1度の変革期の真っ只中にあるといわれていますが、個人的には動力がエンジンなのか、電動モーター+バッテリーなのかという、パワーユニットの問題だと思います。自動運転の進化はあると思いますが、車がなくなることは考えづらいですし、電気自動車になっても車は車です。

とはいえ、既存の自動車メーカーが、急速に販売を伸ばしている電気自動車メーカー、アメリカのテスラや中国のBYDに取って代わられてしまうことは避けられないと思います。また電気自動車になると部品点数が少なく、構造も簡単なので、サプライヤーを含めて生き残れないところは出てくるでしょう。

ほかのメーカーとは違う価値のある何か、日本でしかできない何かを見つけないとこれからは苦しくなると思います。他社と一緒であれば、消費者は安いほうを選択します。それだったら日本製である必要はありません。中国やそれ以外の国が開発・製造した車でもいいのです。

国家や産業には急成長する時期があります。私が子どもの頃は、日本は貧困から抜け出すタイミングで、自動車の需要も増えていて、多少、経営に失敗しても成長していける時期だったと思います。でも少なくとも今の日本の社会は右肩上がりに豊かになるという過程は終わって、ゆっくりと下がっていく局面に入っています。

自動車産業がどうこうというよりも日本という国そのものが危機だと思います。アメリカにおけるＩＴ産業のような新しい鉱脈を見つけることができるのか。それができなければ、場合によっては日本人が海外に出ていって、これから成長する国に移民するということもあるかもしれません。

いずれにせよ日本が急成長に向かう、いい時代はもう来ないと思います。ないものをねだるよりは、日本がこれからどうやって生きていくのかを考えていく必要があります。それは自動車産業だけでなく、国民全員のテーマだと思います。

個人的には、日本はお金を転がして儲けていくような国、国民性ではない気がします。Ｆ１で戦った経験でしかいえませんが、日本人ぐらいのずる賢さでは金融業界で資金や債券などを転がして世界を牛耳るのは難しいと思います。

でもモノづくりは得意な国民だと思います。ヨーロッパなどでは職人を下に見る傾向がありますが、日本は職人が尊敬される数少ない国です。職人も技術者の一部だと思いますが、日本は手に職を持っている人が尊敬される珍しい国で、その繊細な気質でほかの国の人ではつくれないものを生み出す能力に長けています。

日本はそういう国民性を伸ばして生きていくのがいいのではないかと個人的には思います。そんなにボロ儲けしなくてもいいですが、日本以外の国ではつくれないものをつくって、世界に貢献して、尊敬される国になればいいのではないかと感じています。

世界中の人々が使う商品の核になる技術をつくることができれば、アメリカも含めた世界の市場で儲けていくことは十分に可能です。逆にそれができなければ、なかなか世界の中で存在感を示していくのは難しいでしょう。

そのためには技術者の待遇を給与体系も含めて早急に変えていく必要があります。特別な能力がある人間は特別な給料をもらえるようにしなければなりません。アメリカのIT業界を始め、世界の企業はすでにそういう流れに乗っています。遠からず日本の企業もそうなっていくと思いますが、そうならなければ優秀な技術者は誰も日本の企業に就職してくれません。

ホンダでの技術者人生は楽しかった

サラリーマンは企業の歯車だと言う人がよくいますが、サラリーマンにはサラリーマンの醍醐味があります。膨大な資金と人材を使って、ひとりではとてもできないことに挑戦できます。そういう面白さを体験できたのは楽しかったという気持ちはあります。

起業したとしても、とても私の能力で日本一売れる車の開発に携わり、世界最高峰のF1でチャンピオンを取るという仕事はできなかったと思います。

世界で10人や20人ぐらいは、自ら起業してそういう大きな仕事ができる才能を備えた人がいるかもしれません。しかし企業の中でサラリーマンとして仕事をするのもやり方次第で面白いということを若い人たちにも知ってほしい。そしてホンダには若い人たちが自由に、世界初や世界一を目指してチャレンジできる魅力的な会社であってほしいと思っています。

ホンダでの技術者人生は最後まで楽しかったです。定年の半年前、どん底のF1プロジエクトに呼び戻されたとき、「このまま一度も勝てないと、若い連中に負け犬根性がついてしまう。ホンダの未来はどうなってしまうんだ」という危機感があり、パワーユニットの開発責任者を最終的に引き受けました。

そのとき、実は私の中にはもうひとつの感情がありました。当時はグローバルでのスモール担当の商品開発執行役員を務めていましたが、マネージメントの仕事からもう1回、技術屋に戻ることができてワクワクしたのです。

F1で最終的にチャンピオンを獲得できたのはうれしかったですが、パワーユニットの開発の際、世界中のどの文献にも掲載されていない「高速燃焼」という技術を発見したときは、「こんな燃焼があるんだ」とこの年齢になっても衝撃を受けました。最後に技術者に戻れてよかったです。

2023年春、定年退職の日に私が研究所を去るときに出口のところにみんなが集まってくれて、花束を手渡され、拍手で送ってくれました。男性の同僚に抱きつかれたときはびっくりしましたが、そんなにしてくれるのかと驚きました。

ちょっとカッコよすぎますね。それぐらい同僚や部下が私のことを思ってくれたのは、技術者として誇りです。技術者としてというより、組織の長として冥利《みょうり》に尽きます。でも自分で言うのもなんですが、F1のSakuraでも軽自動車のN－BOXの開発チームでも私が上司だったから技術者としての人生が開けた、日の目を見ることができたと言ってくれる人が結構多いのです。

N－BOXの開発チームには同窓会があり、今でも時々、メンバー全員で集まります。みんなチームを自慢に思ってくれていて、それぞれのメンバーが「自分がいたからN－BOXが世の中に送り出されてヒットした」と思っています。そのとおりなのです。

多様な個性が集まった開発グループの中で、それぞれが持てる力を発揮して各自の役割をしっかりと果たしてくれました。その結果、N－BOXが誕生しました。メンバー全員が自分の開発グループの中で主役になれたと感じてくれたことがリーダーとしてうれしいですし、これができるかできないかがプロジェクトの成否の鍵を握ると思います。

みんなが個性を発揮し自分がプロジェクトの主役だと思えれば、だんだん楽しいチームになっていきます。技術者が楽しんでいなければいい商品をつくり出すことができません。N－BOXもこれほどまでにヒットしたとは思いません。

F1もそうです。苦しかったですが、私は楽しみながら研究開発に取り組んでいたので、退社するときに部下の多くが「会社に入ってから初めてこんなに楽しくて充実した日を過ごせました」と本気で言ってくれました。

技術者の人生は楽しいことばかりではなく、苦しいことが多いのは事実です。特に世界一や世界初という難しいことに挑戦する際はさまざまな困難を乗り越えていかなければなりません。でもやり遂げたときの喜びは何ものにも代え難いものがあり、技術者にとって大きな財産になります。

スペシャル対談
堂本光一×浅木泰昭

写真／樋口 涼

なぜホンダはF1で再び世界一を獲れたのか？

芸能界随一のF1ファン、堂本光一氏がホンダF1のパワーユニット研究開発を行う「HRC Sakura」を訪問。最強パワーユニットの生みの親・浅木泰昭氏と、レッドブル・ホンダの強さの理由、F1の未来を熱く語り合った！

2023年1月26日 HRC Sakura（栃木県さくら市）にて

『週刊プレイボーイ』2023年3月27日号に掲載された対談を加筆修正しました

パワーユニットは最先端技術の結晶

堂本　初めてホンダのパワーユニットをつくっているＨＲＣ Ｓａｋｕｒａを訪問させていただきましたが、僕が想像していたものよりもはるかに大きな規模で驚きました。あのコンパクトなパワーユニットをつくるために、これだけの設備と人が必要になるんですね。たとえばターボチャージャーの試験施設はまるで小さいビルのような大きさでビックリしました。あらためてＦ１はすさまじい世界だと実感しましたし、パワーユニットはまさに技術の結晶というのがわかりました。

浅木　第４期の活動がスタートした当初はここまで設備が整っていませんでした。シーズンを重ねるごとに徐々に試験設備がそろってきて、成績も向上させることができました。

堂本　パワーユニット開発の最前線の現場にもかかわらず、とても落ち着いた空気が流れていたのが印象的でした。みんなＦ１で勝つというひとつの目標に向けて意識が共有できているからこそ、各々《おのおの》が自分の持ち場で責任を持って仕事をしようというシステムができているんだと思います。それが現在のホンダの強さの理由だと感じましたし、プロフェッショナルの極みを見たような気がしました。

浅木　ありがとうございます。F1は勝負の世界ですが、技術者は勝った負けたで一喜一憂はしていられないところもあります。

堂本　実際に2023年シーズンに使用するエンジンをテストし、組み立てているところを間近で見せていただいてメチャクチャ興奮しているのですが、23年からレッドブルとアルファタウリ（現ビザ・キャッシュアップRB）のパワーユニット名が「ホンダ・レッドブル・パワートレインズ」となり、ホンダの名前が復活しました。開発の現場では何か変化はあったのですか？

浅木　（2021年シーズン限りで）撤退する前と現在は資金の流れが違うだけで、技術者のやることはまったく変わっていません。ホンダのパワーユニットの情報をレッドブル・パワートレインズには開示していないので、今までどおりの運営をしています。ホンダが自分たちの技術でエンジンをつくって、独自のオペレーションをするというのは2025年までは変わりません。
ホンダのパワーユニットの中身を知っているのは私たちだけなので、技術に関してレッドブル・パワートレインズができることは何もありません。ホンダが自分たちの技術でエンジンをつくって、独自のオペレーションをしているので、変わりようがないんです。それが実態なので、パワーユニット名の変更は現実の姿に合わせたということですよね。

堂本　それをファンとしては待ち望んでいました。2022年シーズンはホンダが開発・製造したパワーユニットをレッドブルが搭載してチャンピオンになりましたが、パワーユニットの名称はレッドブル・パワートレインズでした。正直よくわからなかったのですが……、23年は「HONDA」という名前が表に出て、マシンにもロゴがしっかりと出ているので、応援しやすいです。

浅木　本当にわかりづらかったですよね（笑）。ホンダの名前が前面に出てきたことには、アメリカでF1人気が急上昇していることが影響していると思います。日本とヨーロッパでいくら勝ってもホンダのアメリカでの商売にはなかなか結びつかなかったところがありますが、その状況が変わりつつあるので、社内の雰囲気も変化してきたと思います。

堂本　2023年シーズンはパワーユニットの開発が凍結されており、信頼性や安全性に関する部分の改良のみが許可されています。秘密が多いと思いますが、それでも馬力は向上するのですか？

浅木　そこは一般論で答えさせていただきますね（笑）。現行のルールでは2022年シーズン限りでパワーユニットの開発が凍結され、それを25年シーズン末まで使うことになっています。普通のパワーユニット製造者であれば、馬力が出ていないと23年から3シーズンは負け続ける可能性があると考えます。だからパワーが出るのがわかっていたら、信頼性を多少犠牲にしてでも投入する可能性は高いと思います。

壊れるところは3年かけて直せばいいという発想で22年の開幕戦を迎えているはずです。うちもそうでした。もし信頼性が確保できずに性能を抑えている部分があったとすれば、信頼性を改善することで本来のポテンシャルの部分までは解放できます。

堂本　なるほど。つまり現行のルールでもさらなるポテンシャルを引き出すことは可能ということですね。

浅木　それがどのぐらいかは言えませんけど（笑）、なるべく早く本来の性能を解放してあげたいと思っています。

堂本　ライバルメーカーと比較してホンダのパワーユニットは信頼性の高さも武器だと思いますが、それ以外の強みはどこにあるのですか？

浅木　エンジンパワーの部分に関してはほぼ互角ですが、コースによっては0.1秒ぐらいアドバンテージがあると思います。それは電気の部分によるものが大きいです。ホンダはＭＧＵ－Ｈ（熱エネルギー回生システム）での発電量が多いことに加え、高効率なバッテリーもあるので、使える電気の量がライバルに比べて少し多いと思います。なので、電気の使い方の工夫でさらなるアドバンテージを得られるようにしたいです。

堂本　ホンダとレッドブルは、２０２２年シーズンは全22戦中17勝と圧倒的な強さを発揮しました。２０２３年も同じぐらい勝つことが目標になりますか？

浅木　そこは相手次第です。２０２２年はメルセデスが不調でしたが、彼らのチーム力は非常に高い。過去にわれわれは何度も戦っては潰され、を経験しました。メルセデスがなんの対策もしないなんて期待は持てません。絶対にこれぐらいは伸びてくるだろうと予想して開発に取り組んできました。

堂本　そうなってくると、自分たちとの戦いになってきますよね。

浅木　そのとおりですね。それまでは先行する王者メルセデスとのギャップをどうやって詰めていけばいいのか、というところがスタート地点でしたが、ようやくそのレベルまでたどり着くことができました。ただライバルも常に進化しているので、油断はしていません。

サラリーマンがF1で戦う難しさ

堂本　浅木さんはホンダF1第4期の3年目、2017年シーズンの途中からF1プロジェクトに加わり、パワーユニット開発の指揮をとってきました。マクラーレンとの苦しい時期を終え、トロロッソ（現ビザ・キャッシュアップRB）と新たにパートナーを組むタイミングでしたが、そこからどういう思いで開発陣を率いてきたのですか？

浅木　私は第2期（1983年から92年）のF1活動に携わり、そこで世界一になったという自信が技術者人生で大きな財産になりました。その自信が背景にあったので、量産車部門に移り、初代オデッセイ（1994年発売）や軽自動車の初代N－BOX（2011年発売）の開発を担当したときには、何か困難があったとしても「できないわけがないだろう」という気持ちでチャレンジできました。だから第4期に関わった若手たちが世界一になれず、自信ではなく負け犬根性がついたままで量産車の開発に戻っていくことだけは絶対に避けなければならないと思っていました。それは第3期（2000年から08年）の撤退劇を見たときから感じていました。

堂本　第3期はタイトルを取れずに、優勝1回という成績で悔しくも撤退となってしまいました。

浅木　第4期もスタートからトラブル続きで、同じような結末になる可能性がありました。私は60歳になる半年前に呼び戻されたわけですが、私が来たから、急に勝てるとは思ってもいませんでした。このままではマズイ。なんとかしなければならないという気持ちでしたね。

堂本　まずはどこから手をつけたのですか？

浅木　私が復帰した頃の開発現場では「できることはなんでもやれ！」と言われており、図面を描きまくり、部品をつくりまくっていました。そこを変えました。「できることはなんでもやれ！」と言うのはまっとうに聞こえますが、能力と時間は限られています。全部テストするような余裕がないことは明らかだったので、1回落ち着いて、開発の優先順位をつけて、「これはやる、やらない」と取捨選択をすることから始めました。

堂本　そこからは予定どおりに来たという感じですか？

浅木　そう言われると簡単そうに聞こえますけど（笑）。

堂本　でも浅木さんがF1プロジェクトに入ってからは確実に階段を上がってきたように見えました。

浅木　実はそうでもないんですよ。マクラーレンと組んでいたときはMGU－Hが壊れまくって、テストにならないわけです。マクラーレンも怒りますよ。それを解決するには、レース部門の数百人のスタッフだけで開発をしていても限界があるので、セクションを超えて、ホンダの全技術者に手伝ってもらうことを決断しました。

でもMGU－Hをずっと開発していた人間にはプライドと自信がありますので、同じ社内とはいえ、ほかの部署に助けてもらうことを嫌がるんです。でも勝つためにはこのままではダメだろうと判断して、「ホンダジェット」を始め、能本製作所や先進技術研究所の力を頼りました。オールホンダでさまざまな困難を乗り越えて、今ではホンダの強みになっています。

堂本　開発リーダーの浅木さんは分岐点があったときにどっちの方向に行くかを決めなければならない立場です。その判断は直観ですか？

浅木　経験に基づいた直観ですかね。ある意味、統計学ともいえるかもしれません。あとは技術センスとか、そういうさまざまなものを混ぜて決めることになります。やれることは全部やれというのは簡単ですが、能力の限界を超えてしまったら破綻するのが見えています、だからこれをやれと誰かが決めないといけないので、私が決めるしかない。でも私の

堂本光一《どうもと こういち》

1979年生まれ、兵庫県出身。
日本人初のフルタイムF1ドライバー、
中嶋悟氏がデビューした
87年頃からF1のファンに。
週刊プレイボーイのニュースサイト
『週プレNEWS』で、
「コンマー秒の恍惚Web」を連載中。

決断が外れれば、「アイツは無能だ。アイツのせいで負けた」と言われたでしょう。勝負の世界はそういうものだと思っています。

堂本　失敗がたくさんあるからこそ成功があるんだと思いますが、競争の激しいＦ１の世界でパワーユニット開発のリーダーを務めるのは重責ですね。

浅木　サラリーマンが開発リーダーを務めるというのはホンダだけだと思います。無謀な挑戦です（笑）。あと最初にも話したように、ホンダがパワーユニット開発をするＨＲＣ Ｓａｋｕｒａには最初から研究開発用の設備や施設がすべてそろっていたわけじゃないんです。私が入った頃は足りない施設をつくって、稼働させつつある時期でした。だから第４期の最初の３年間で結果を出せなかったのは、ホンダ全体として準備が整っていなかったともいえます。でも設備が徐々に整ってきて、私が開発すると決断したこと、狙ったことが当たるようになったと思います。

堂本　２０１０年にＦ１復帰したメルセデスも、最初は相当苦労して、頂点に立つまでは5年ぐらいかかりました。世界最高峰のＦ１でチャンピオンになるのは、そう簡単ではありませんよね。

浅木　そうですね。だから撤退と復帰を繰り返すことは効率が悪いですし、技術者の私の感覚としてはもったいない。せっかく設備が整い、人も経験を積んで、これからだというときに撤退すると、復帰するときにはまたゼロからのスタートになってしまいます。その結果、立ち上げるまでの苦しみを長く味わうことになるし、開発も当然遅れます。

堂本　技術の世界では1年、２年は大きな差になってしまいますよね。

浅木　1年や2年だと人は残っていますし、設備も捨てていないので、まだなんとかなります。でも5年ぐらい経つと、人は違う部署で仕事をしていますし、施設も邪魔なので捨ててしまおうかとなってしまう。その後は大変ですね。人も物もそろってなければ、生みの苦しみは大変なものです。

堂本　たとえ経験があったとしてもゼロスタートになってしまう？

浅木　そうですね、５年もあればレギュレーションも変わってしまいます。

堂本　だからレース専門会社のＨＲＣ（ホンダ・レーシング）が２０２２年シーズンからＦ１を含めたホンダのモータースポーツ活動全般を行うことになったのですか？

浅木　そうですね。２０２１年の撤退前は、ホンダの技術研究所がＦ１活動を行っていましたが、そのときは本社から依頼を受けなければ開発ができなかったんです。でもＨＲＣはレース会社ですから、Ｆ１を含めたレースを検討することはやっていいというのが社是です。常に検討はできるので、人と施設が維持できます。それが、ＨＲＣにホンダのモータースポーツ活動を集約させた大きな理由だと私は理解しています。

堂本　ホンダがＦ１へのパワーユニットの供給をやめると、今日、見学させていただいた試験設備などが全部不要になるということですね。それはあまりにもったいなさすぎます。

浅木　本当にそのとおりだと思います。

F1継続の鍵は地球環境への貢献

堂本　アウディ、ゼネラルモーターズ（GM）、フォードが2026年からの参戦を表明し、多くの自動車メーカーがF1に興味を示しています。F1は環境に配慮し、26年から二酸化炭素と水素を合成して製造されるカーボンニュートラル燃料を100%使用することになったことが大きいと感じています。

浅木　堂本さんのおっしゃるとおりですし、その方向に行かないとF1だけでなく、モータースポーツは生き残っていけないと思います。地球を破壊しながら楽しむのは許されない時代になってきています。カーボンニュートラル燃料に舵を切ったF1の主催者の感覚は鋭いと思います。実は、ホンダはタイトルを獲得した2021年シーズンにF1用のカーボンニュートラル燃料を開発し、すでに実戦投入しています。

堂本　カーボンニュートラル燃料を使用してもパワーユニットの性能は下がらないのですか？

浅木　パワーが落ちるのであれば使いません。パワーが上がるから使いました。本田技術研究所の研究者がカーボンニュートラル燃料に使用できる素材を見つけました。その成分を使うことで今、Ｆ１で使っている燃料と同等の性能を発揮するカーボンニュートラル燃料をつくれることをホンダが証明し、エクソンモービルさんにブレンドを協力してもらいました。レッドブルとしては従来の燃料よりもパワーが上がっているので大歓迎でしたね。

堂本　それはすごい。パワーが上がって、環境にも優しい。課題はコスト面ですか？

浅木　そうですね。市販ガソリンはリッター１５０円ぐらいじゃないと一般の方は使えません。でもレースではもっと高価でも環境負荷が少なければ使われるはずです。レースでの開発を通してカーボンニュートラル燃料の製造コストが下がり、一般の方が使えるような時代がやって来るかもしれません。そうするとＨＲＣのようなレース会社が地球環境にも貢献できるんじゃないかと思っていますし、そうなることを狙っています。

堂本　そういう絵が描ければ、ホンダが参戦、撤退を繰り返さず、長いスパンでＦ１に参戦する意義がありますね。

浅木　世の中の多くの方がそう感じてくれれば、ホンダもその方向に進んでいってもおかしくないのかなと個人的には思っています。

堂本　ぜひそうなってほしい。今は電気自動車が大きく注目されていますが、カーボンニュートラル燃料を使えばエンジン車がこれからも生き残ることができます。僕はエンジンが好きなんです。やっぱり車は音が鳴ってほしい。

浅木　私も好きですよ（笑）、エンジン屋ですからね。

堂本　エンジンは呼吸していますからね。

浅木　そうですよね。やっぱり鼓動がないとね。私はエンジンの鼓動と心臓の拍動は似ていて、そういう脈動があることにわれわれ動物は感じるものがあるんじゃないかと思っています。気持ちが高揚するような音と振動がありますし、だからレースと内燃機関はすごくマッチングがいい。

堂本　僕も同じ気持ちですね。量産車でも個人的にはカーボンニュートラル燃料が有望なのかなと思っています。

浅木　私も世界中の人たちがみんな電気自動車に乗ることができるのかなと疑

問に感じます。電気を供給する発電所の建設も含めて充電インフラ整備には膨大なお金がかかりますし、本当にそんなことができるのかなと。当面は先進国の人たちだけが電気自動車に乗るような形になるのではないかと予想しています。現状では電気自動車、カーボンニュートラル燃料を使用する自動車にしても、クリアしなければならない課題がたくさんあります。個人的にはどっちも残るような気がしています。

堂本　ビデオデッキのVHSとベータの戦いみたいな感じで、将来的にはひとつのフォーマットに統一されていくという予想ですか?

浅木　VHS対ベータだと、一般の方にとっては規格が統一されたほうが便利です。ふたつあることのメリットはないかもしれないですが、乗り物は自動車だけでなく飛行機もあります。大陸間を横断する飛行機はバッテリーだけで飛ぶのは不可能です。どうしても燃料は必要です。バッテリーでできることとできないことがあるので、用途によっていろいろ分かれていくんじゃないのかなと思っています。

無謀な挑戦が社会や組織を救う

堂本　ところで浅木さんは2023年4月末で定年だとお聞きしましたが、後輩たちは頼もしく成長してきたという感じですか？

浅木　うなだれていた後輩たちが自信を持って仕事ができるようになるために私はF1に戻ってきたのですから、そう信じています。私の実感では、F1で培った経験が生きてくるのは10年後ぐらい、今の若い人たちがプロジェクトのリーダーになったときだと思います。スタッフが数百人いれば、その中の数人は世の中を変えるようなことを何かやってくれるんじゃないかと期待していますし、そうなるように育ててきたつもりです。

堂本　自分たちの時代と現在の技術者の違いを感じることはありますか？

浅木　もともとベンチャー企業だったホンダは、イギリスのマン島で開催されている伝統のオートバイレース、マン島TTレースや世界最高峰のF1に挑戦し、そこで成功することで自信をつかんで成長していきました。無謀なプロジェクトにチャレンジしたからこそ急成長できたと思います。でも今は会社が大きくなり、無謀なことをやりにくい環境にあります。そこは違うと思います。

堂本　会社が大きくなると思い切ったチャレンジはできなくなってくるというのはよくわかります。

浅木　でも、いくら組織が大きくなろうと、どんな業界にも危機は必ず訪れます。そこで突破口を見つけ、他社にはできないことや、世の中を変えるものを開発したりして乗り切らなければ、組織はダメになってしまう。そういう困難なときには「周囲から無謀といわれたけど、挑戦して世界一になったんだ」という経験を積んだ技術者が、会社や世の中を救うんじゃないかと私は信じています。

堂本　誰もやったことがないことに果敢に挑戦するのが、ホンダのスピリットですよね。

浅木　究極のレースの世界は危機を乗り越えられる人材をつくると思います。私だってそうです。N－BOXを開発したときは超円高で輸出ができず、国内で生産できる車を何かつくり出さないと、工場や販売店の従業員をリストラしなければならないという状況でした。そんな中、新しい軽自動車の開発を担当したい人はおらず、気がつけば私だけが取り残されてしまいました（笑）。周囲は心配してくれましたが、おかげさまでＮ－ＢＯＸは売れて、リストラをしなくてもよくなりました。

堂本　マクラーレンとの２０１５年からの３年間を見たあとは、誰もＦ１は担当したくないですよね。

浅木　大体、私はそういうときに逃げ遅れて呼ばれるんです（笑）。

堂本　そうだったんですね（笑）。でも危機のときにこそヒーローが生まれるといわれますが、まさにそのとおりだと思いますね。若い技術者に成功を体験させて、自信をつかんでほしいという浅木さんの気持ち、とても共感します。僕たちも経験のない若い子を先輩のステージに立たせて、素晴らしい景色を見せるようにしています。それで若い子たちは感動して、自分もそうなりたいと思って頑張るんです。そういう成功体験はすごく大事だと思います。技術者としてはやり切りましたか？

浅木　ホンダの技術屋人生はやり切りましたね。すごく面白かったですよ。

堂本　浅木さんのような技術者と僕たちの世界はまったく違いますが、「まだ足りない、こんなものじゃない」と自分に課して挑戦し続けていかないと、僕たちの仕事も向上していきません。でも、どんな業界でも全部やり切ったと言い切れる人はなかなかいません。カッコいいです。これからのホンダと浅木さんの後輩たちの活躍に期待しています！

おわりに

私の技術者人生を振り返ってみると、この世の中に自分が存在した爪痕を残したいという思いで働いてきたような気がします。技術者として浅木がいたから開発できた、生み出された、というものを残すことが人生最大の目的で、お金を稼ぎたい、出世したいという気持ちはそれほど強くありませんでした。

２０１７年の夏、結果をまったく出せずにバッシングの嵐の中にあったＦ１プロジェクトの開発リーダーを引き受けたとき、何人かのメディアの方に「もしＦ１で失敗したら、大ヒットしているＮ－ＢＯＸの開発責任者の名前を汚すことになるんじゃないですか？　よく引き受けましたね」と言われました。でも私はそういう風に自分の評価が下がるなどと考えたことがありませんでした。

地元の広島で学生時代を送っていた私の目には、ホンダは技術者が主役になれそうな会社だと映っていました。それでホンダに入社を希望し、採用されました。私の入社した頃のホンダには、変わった技術者がたくさんいて、日々刺激を受けながら面白い体験ができました。量産車やF1などのプロジェクトでさまざまな経験を重ね、悔いのない技術者人生を送ることができました。

2023年の春にホンダを定年退社し、現在は有料のスポーツ動画配信サービスDAZN（ダゾーン）のF1中継で解説の仕事をさせていただいています。人に伝えるメディアの仕事に悪戦苦闘していますが、楽しみながら取り組めています。その一方で、今でもまだ技術者としての仕事をしたいという気持ちが心のどこかにあります。

できることならホンダでずっと技術者人生を送りたかったのですが、日本の企業には定年制があります。若い人間たちを育てるために最後の1年ぐらいは現場から手を引いていました。でも技術者は最終的に技術センスの勝負なので、年齢はあまり関係ないと私は思っています。

実際、2023年のノーベル生理学・医学賞を受賞したのは当時68歳の女性研究者カタリン・カリコさんでした。彼女は新型コロナウイルスのメッセンジャーRNA（mRNA）ワクチンの開発で大きな貢献をしましたが、現在も第一線で活躍されています。

ホンダでは、量産車の初代オデッセイ、アコードの気筒休止エンジン、軽自動車のN－BOXの開発に携わり、世界最高峰のF1でチャンピオンを獲得することができました。少なくとも4つの爪痕を残し、世の中に影響を与えることができたと思っています。

でも技術者としてまだできることがあると感じています。企業が困難な開発に挑むときには自分ひとりでやっても限界があります。チームで取り組まなければなりませんが、どういうメンバー構成にすれば、若い人を育てながら成功をつかめるのか、というリーダーとしての経験や知見を深めてきました。もし、爪痕をもうひとつ増やすことができるプロジェクトがあれば、それに挑戦してみたいし、自分ならできると思っています。

私がホンダ時代に難しい課題を〝当てる〟ことができたのは偶然ではないと思っています。理由はシンプルです。私はたくさんの情報を集め、理解し、分析をしているからです。そうすると次に打つべき手が見えてくるのです。

この本質を見抜く力が、リーダーとして危機を乗り越えるために必要だと思います。本質というのは、技術の核心という意味と、世の中がどちらに向かって流れていっているのか、人の気持ちがどう動いていくのかという意味での本質です。その両方を見抜かないと、なかなかヒットする商品を開発したり、プロジェクトで成果を上げたりすることができないと思います。

本質を見失っている人はやっぱり空回りしています。リーダーは自分たちのチームの能力を見極めながら、自分たちのやりたいこと、できることを世の中の流れにどうやって合致させていくのかが非常に重要になります。

本質を見抜く力は、技術センスという言葉に置き換えることができると思います。それはどうやって身につけられるのかと聞かれたら、身も蓋もない言い方ですが、「方法などありません」としか答えられません。そういう人間が出てくるのを待つしかありません。私の実感では、技術センスを持った人間は組織の中で一定の割合で存在します。でも組織の中で埋もれて、そのままサラリーマン人生を終えてしまうケースが意外と多いのではないかと思っています。だから育てるよりは、技術センスを持った人間を掘り起こし、活用するシステムを構築することが企業や組織にとって重要だと思います。それが危機対策になりますし、これから日本の企業が成長していくための鍵になると考えています。

最後にこの本を読んでいただいた方が、技術者として生きることの面白さや醍醐味を感じてくれて、少しでも多くの若い人たちが技術者を目指してくれたらうれしいです。そして、若き日の私が感じたように、ホンダがいつまでも技術者が主役になれる魅力的な会社であってほしいと心から願っています。

2024年 3月

浅木 泰昭

浅木泰昭《あさき やすあき》

1958年生まれ、広島県出身。
1981年、本田技術研究所に入社。
第2期ホンダF1でエンジン開発を担当。
その後、初代オデッセイ、
アコードなどのエンジン開発に携わり、
2008年から開発責任者として
軽自動車のN-BOXを送り出す。
N-BOXは、軽4輪車の新車販売台数で
9年連続の首位獲得(2023年末時点)。
2017年から第4期ホンダF1に復帰し、
2021年までパワーユニット開発の陣頭指揮を執る。
第4期活動の最終年となった2021年シーズン、
ホンダは30年ぶりのタイトルを獲得する。
2023年春、ホンダを定年退職。

危《き》機《き》を乗《の》り越《こ》える力《ちから》

ホンダF1を世界一《せかいいち》に導《みちび》いた技術者《ぎじゅつしゃ》のどん底《ぞこ》からの挑戦《ちょうせん》

2024年 3月31日 第1刷発行
2024年10月23日 第3刷発行

著 者 浅木《あさき》 泰昭《やすあき》

発行者 岩瀬 朗

発行所 株式会社 集英社インターナショナル
〒101-0064 東京都千代田区神田猿楽町 1-5-18
電 話 03-5211-2632

発売所 株式会社 集英社
〒101-8050 東京都千代田区一ツ橋 2-5-10
電話 03-3230-6080（読者係）
03-3230-6393（販売部・書店専用）

編集協力 川原田 剛
写 真 熱田 護（カバー、帯） 樋口 涼（カバー） Honda（帯、表紙）
装 丁 中山真志
取材協力 本田技研工業株式会社 株式会社ホンダ・レーシング

印刷所 TOPPAN株式会社
製本所 加藤製本株式会社

ISBN978-4-7976-7445-3 C0034